我太喜欢上班了

工作压力释放指南

对人関係療法で
ストレスに
負けない
自分になる

[日] 井上智介 ◎ 编著
王君正 ◎ 译

中国纺织出版社有限公司

Taijinkankeiryohou de stressnimakenaijibunninaru
Copyright © 2021 Tomosuke Inoue
All rights reserved.
First original Japanese edition published by JMA Management Center Inc., Japan.
Chinese (in simplified character only) translation rights arranged with JMA Management Center Inc., Japan.
Through CREEK & RIVER Co., Ltd. and CREEK & RIVER SHANGHAI Co., Ltd.

著作权合同登记号：图字：01-2024-4335

图书在版编目（CIP）数据

我太喜欢上班了：工作压力释放指南 /（日）井上智介编著；王君正译. -- 北京：中国纺织出版社有限公司，2025.2. -- ISBN 978-7-5229-2296-6

Ⅰ.B849

中国国家版本馆CIP数据核字第202468DR50号

责任编辑：柳华君　　责任校对：王花妮　　责任印制：储志伟

中国纺织出版社有限公司出版发行
地址：北京市朝阳区百子湾东里A407号楼　邮政编码：100124
销售电话：010—67004422　传真：010—87155801
http://www.c-textilep.com
中国纺织出版社天猫旗舰店
官方微博 http://weibo.com/2119887771
河北延风印务有限公司印刷　各地新华书店经销
2025年2月第1版第1次印刷
开本：787×1092　1/32　印张：6
字数：108千字　定价：55.00元

凡购本书，如有缺页、倒页、脱页，由本社图书营销中心调换

前言

在这个压力常态化的现代社会,我们不难注意到"上司的职权骚扰""无法融入周围人的圈子""做不出成果""厌恶自己""过度劳动""零薪加班"等现状。你的身边,也许已经撒满了压力的种子。

即使以上所举的例子并不符合你的情况,我想,你也正是因为在职场或者在远程工作期间,心中涌现出了各种各样令自己难过的思绪,才将这本书捧在手中阅读。在生活中遭遇的心理问题,无论是何种情况,都有与之相对应的解决方法。本书就将向大家分享与各种场景相对应的情境研究内容。

首先,有一件十分重要的事情希望你牢记于心,那就是:公司并不会守护你的心理健康。这是一个残酷的现实。能守护自己内心的只有你自己,除此以外再无他人。这个话题可能显得突如其来又十分严肃,但事实如此,无法动摇。不过,还请放心,这本书正是为了向你分享无需勉强自己也能保护心灵的技巧而写的。

"勤奋"是一种公认十分重要的美德，然而，不也正是对这种美德的追求给你带来了极大的压力吗？有很多人总是想着"不好好做事的话就完了""不努力可不行"，一直将满分当作目标，在日常工作中不断消耗自己的内心，直到最后彻底崩溃。

真正重要的是具有这样一种思维——人生，60分便是合格。失败和成功总是相伴而行，有些事注定不会一帆风顺，首先要悦纳"没有拿到满分的自己"，而后直面心中烦恼，如此才能够站上解决心理问题之路的起点。

井上智介

目 录

第 1 步　现在的职场里正在发生着什么事

01　剧变的职场环境⋯⋯⋯⋯⋯⋯⋯⋯⋯⋯⋯⋯⋯⋯2
02　与社会的联系越来越少，而孤独感越来越多⋯⋯⋯6
03　对未来的不安与日俱增⋯⋯⋯⋯⋯⋯⋯⋯⋯⋯10
04　如何保护自己的身体不受压力影响⋯⋯⋯⋯⋯⋯14
05　真的有必要如此"思前想后"吗⋯⋯⋯⋯⋯⋯⋯16
心理健康维护法①　身体扫描法⋯⋯⋯⋯⋯⋯⋯⋯20
理解度测试⋯⋯⋯⋯⋯⋯⋯⋯⋯⋯⋯⋯⋯⋯⋯⋯⋯22

第 2 步　情境研究之重新审视人际关系

01　与上司的关系：错并不在我⋯⋯⋯⋯⋯⋯⋯⋯24
02　处不来的同事：总有一天会结束⋯⋯⋯⋯⋯⋯28
03　布置的工作任务太重了：拒绝的原因并不是
　　 "我很没用"⋯⋯⋯⋯⋯⋯⋯⋯⋯⋯⋯⋯⋯⋯32
04　追求成功压力大：不去想失败了会如何⋯⋯⋯36
05　对同事们的嫉妒心：别人是别人，自己是自己 ⋯⋯40
06　怒发冲冠时：没有必要报复他人⋯⋯⋯⋯⋯⋯44
07　公司裁员人心惶惶：裁员，不一定裁掉我⋯⋯48
08　让人头大的多管闲事者：拒绝并不是件坏事⋯⋯52
09　无法融入圈子里：这与交流障碍没关系⋯⋯⋯56
10　被忽视了怎么办：你并不一定是被人讨厌了⋯⋯60
心理健康维护法②　心理和身体的状态⋯⋯⋯⋯⋯64
理解度测试⋯⋯⋯⋯⋯⋯⋯⋯⋯⋯⋯⋯⋯⋯⋯⋯66

第3步　情境研究之重新审视职场环境

01 上司好像总是盯着我：不必随时做好准备 ············68
02 面对下属感到压力：并不是自己"不适合当领导"···72
03 不好意思先下班：是否先下班和有没有干劲无关·····78
04 线上会议状态差：3个改善技巧·····················80
05 生活节奏变得混乱：不强行调整也可以··············84
06 提出自己的需求：并不是任性·······················88
07 在家里就没干劲：不必强迫自己干劲满满············92

心理健康维护法③　4-2-6呼吸法·····················96
理解度测试··98

第4步　情境研究之重新审视你的工作

01 感到没有意义："意义"真的必要吗···············100
02 给周围的人添了麻烦：自己并不是累赘············104
03 挑战却未成功：失败并不可耻·····················108
04 做不出成果：天生我材必有用·····················114
05 在和周围人的比较中感到焦虑：
　　自我投资真的有必要吗···························116
06 身体状态差：不休息的话反而会带来麻烦··········120
07 看不见未来的路：明天也可以随意一些············124
08 难以坚持自我：无须纠结"是否会伤害别人"······128
09 自己的失误让对方恼火：不能急着转换心情········132
10 无穷无尽的待办事项：事情不一定非要"今日毕"···136
11 对职业适配度的担忧：无法爱上这份工作也无妨····140

12	没有好结果：一味全力以赴，反而效果不佳	142

心理健康维护法④　正念减压散步·················148

理解度测试···150

第5步　5个技巧让心灵变轻松

01	有意识地利用洗澡时间	152
02	流泪活动	156
03	甜食乃压力之源	160
04	不能小看的"香气"	164
05	舒展身体，减轻压力	168

心理健康维护法⑤　4行日记·······················172

理解度测试···174

参考书籍···175
术语索引···176

第1步

现在的职场里正在发生着什么事

我们的职场环境正发生着翻天覆地的变化。而随着工作模式发生转变,压力要素也变得更多了。

01 剧变的职场环境

数字时代工作方式之大变革

随着互联网发展,许多职业的工作方式都产生了巨大的变化。以室内电脑办公为主的、能够居家办公的职业,接二连三地推行起线上办公模式。站在公司方的视角来看,如果员工在远程状态下依然可以达成同等的工作成果,那么今后自然是要以这样一种能够节省员工交通费用、办公室维护费用的居家办公模式为中心了。但另一方面,作为劳动者的我们会如何呢?一直以来,我们都遵循着这样一种生活习惯:早上在固定时间起床,乘坐通勤班车,到公司工作,但现在这种循环被打破了,据说有很多人对变化了的环境感到不知所措。

第1步 第2步 第3步 第4步 第5步

有人待在自己家里的时间更多了，却可能感觉"没办法和职场上的朋友交流，压力反而比去公司上班的时候还大"。如果在办公室工作，有不明白之处可以立刻向别人请教，但待在家里就只能通过打电话、发邮件的方式去问。假如遇到紧急情况，这样的方式将导致回复速度变慢，让人感到非常紧张。

无论是什么样的环境，人都能够适应

人在所处的环境发生改变之后，会自主地通过改变自己来适应。这可以说是一项很重要的生存能力。我们平时就可以捕捉到周遭冷、热、光线刺眼等各种各样的刺激，并进行自我调节以适应环境，这种能力对维持生命活动来说是不可或缺的。

然而，反过来说，我们的身体为了习惯环境的变化，会始终保持一种类似战斗的状态。环境越多变，变化程度越大，"战斗"的规模也就越大，压力也就在不知不觉中积累起来了。

自己要靠自己来保护

即使由于压力的累积导致身心健康出现问题，公司也不会对你加以照顾。当然，随着工作方式改革的推进，越来越多的公司开始实行某些暂时性的救助措施，比如停职等。但如果职员长期无法工作，即便躲得过解雇之祸，也势必要蒙受停薪等利益损失。

作为公司，无论出于何种理由，只要员工无法工作，便不可能支付工资给他。

毫不夸张地说，现在是一个自己的健康要靠自己守护的时代。并且，自己的生命健康比什么都重要。无论如何强迫自己去突破极限，无论如何拼命地回应他人的期待，倘若牺牲了生命和健康，一切的努力都将毫无意义。

在现代社会中，查出抑郁症等精神疾病的人数正在连年增长，个中缘由不正是在于"这个社会丝毫没有喘息余地"吗？

经过了昭和[1]30~40年的经济高速增长期，昭和时代的日本经济确实是一路腾飞。到了平成[2]初期，泡沫破裂，自此日本经济开始进入低迷阶段，而由于雷曼事件等，最近十余年间日本经济一直处于停滞状态。

虽然时有报告称安倍经济学让情况好转了，但实际上，在企业里工作的职工群体当中，恐怕只有极少数真切感受到了这种繁荣景气。劳动力持续短缺，导致工作量越来越多，然而工资奖金却不见增长……这样的状态继续下去，压力和疲惫感都会越来越多，终有一日会危及身心健康。

---

[1] 日本年号，1926年12月25日—1989年1月7日。——编者注
[2] 日本年号，1989年1月8日—2019年4月30日。——编者注

第1步 第2步 第3步 第4步 第5步

曾经，日本企业受终身雇佣制约束，给员工的薪水每年都会增长。然而在如今这个时代，即便是世界闻名的企业也很难继续维系终身雇佣了。可就算时代早已改变，企业员工中依然有很多人无法摒弃曾经的那种感觉，他们依旧抱有这样一种想法："只要进了大公司，无论发生什么，终归是能安心的。"

能够靠得住的，终归只有自己！让我们怀抱这一认知，开启自我心理关怀之旅吧！

> 自己的身体，自己来保护！

要点

公司是靠不住的，自己要靠自己来保护

02 与社会的联系越来越少,而孤独感越来越多

有了痛苦的情绪,不要一个人憋在心里

人生在世,自然不会总是遇到好事。有很多人,虽然表面看去好像过着一帆风顺的生活,但在别人看不到的地方,他们也在拼命挣扎。

第1步 第2步 第3步 第4步 第5步

只不过，对于遭遇艰难困苦时受到的冲击究竟有多大，每个人的感受都有所不同。人们通常会在坏事发生的时候有更强烈的感觉。

比如，"弄丢了一张1000日元❶钞票时受到的打击"和"捡到一张1000日元钞票时的惊喜"相比，哪种感觉更强烈呢？多数人会回答：丢了1000日元的打击更强烈。

并且，哪怕只是发生了一件不好的事情，人们的心也很容易因此添一道伤痕，久久不愈。如心理创伤，就是典型的例子。如此下去，心中的伤痕越来越多，不少人便会深信"人生完全没有一刻是顺顺利利的"。

这样的人有一个共同的特点，那就是"没有地方让他们倾诉消极情绪"。另外，有的人即便有诸如心理咨询室之类的地方可以表明心绪，他们也羞于向他人吐露自己的烦恼，反倒容易固执于自己一个人解决所有问题，这一点在男性中尤为明显。

摆脱这种固执心理的诀窍在于找到一个可以与之交流且值得信任的人。面对完全站在第三方立场的精神科医生或心理咨询师时，即便是难以向家人朋友启齿的话题，也能轻松地说出口。

---

❶ 约50元人民币。——编者注

后退一步也是好方法

倘若碰上无论如何也找不到人可以说话的情况,那就必须要改变自己的思维方式了。为此,最先要做到的是"接纳自己的现状",坦然接受这并不一帆风顺的人生,并且表扬以自己的方式全力以赴的自己。

"人生可能就是这样一回事",有时候我们也需要果断地这么想。你会发现自己并不是做任何事情都能圆满成功的,即便如此,也不必担忧,因为这世界上几乎不存在做任何事都能圆满成功的人。万一遇到了明显超出自己承受极限的痛苦、困难之事,千万不要想着一个人解决问题。就算仅凭一人之力能够解决,你自己也会在精神上受到很大的伤害。

若你终究决定自己一个人解决问题,也要记得"在不超出自己能力范围的前提下去努力",这一点十分重要。

| 第1步 | 第2步 | 第3步 | 第4步 | 第5步 |

问题

比起单打独斗……

不如大家一起……

齐心协力!

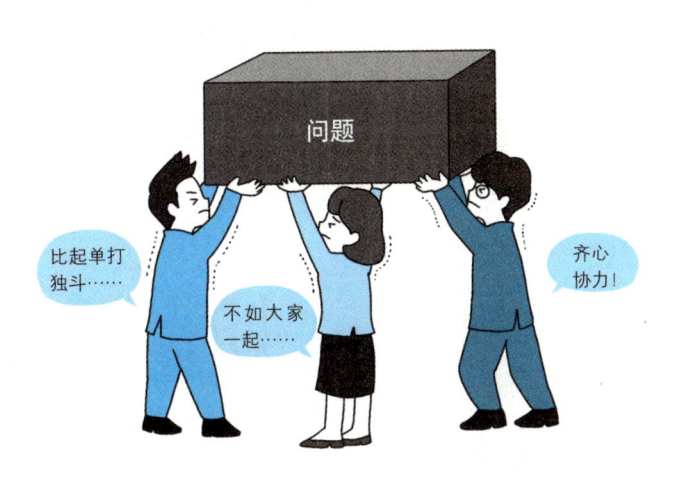

要点

满分人生是不可能的,努力也需要量力而行

03　对未来的不安与日俱增

在现代，看不见未来的状况史无前例

也许从没有哪个时期像现在这般，人们对未来的不安感正持续增长。

所谓"看不到未来"的状况，说的是今后要走的路仿佛被黑暗笼罩着，而这条路的前方究竟是怎样一番景象，不亲自前去查看，便无法知晓。人类往往对这种无从得知真实情况的环境抱有强烈的恐惧。

人们在面对任何事物时，都有可能产生此种心理，比如虚拟货币等。虽然人们对虚拟货币的评价五花八门，但因为还有点不太明白它究竟是什么，所以有许多人对其抱有疑虑，担心它是否危险，或者自己会不会被骗。

无论喜不喜欢这样，生活中我们总是被迫思索着应对某些困难的方法，因此我们必须不停地去选择最恰当的方式将各种信息灌输进头脑之中。这会使我们的大脑非常累，也会使其背负沉重的压力。

与其忧心不透明的前路，不如专注于当下

无论多么担心看不清的未来，也不会有什么结果。我们能做到的只有"专注于当下"。让我们把目光从遥远的未来转移到当下，关注当下应该去做的事情吧。

特别是在当今这个时代，应该去做的事情、应该专注应对的事情太多了，我想有许多人即便听到"专注于当下"的建议，也不知道该从何处着手。这样的人，不妨试着将计划写在纸上。

举个例子，你正处于这样一种情境：自己身背多项工作任务，担心"这个不做也不行，那个不做也不行……活多得怎么也干不完"。这种情况下，就可以像下面这样写：

A　制作费用报销明细
B　制作报价单及整理相关资料

第1步 第2步 第3步 第4步 第5步

C　开展面向下属的教学讲座

以上几项，不知应从哪一项开始做起。

重点在于，"不知应从哪一项开始做起"这种担忧也要原原本本地写出来。如此写完之后，从现在起必须完成的任务就变得"可视化"了，其优先顺序也更容易确定了。假设确定了先专注于B项，那就请暂时把A和C抛之脑后吧。虽然A和C也都是不能不做的任务，但要先将全部力量集中于解决B。除非特别聪明，否则人们往往难以一心二用，在做一件事的同时推进其他的事情。因此，重要的是集中力量办好一件事。并且，我们应思考：为了尽快完成B项，需要做哪些事。B顺利完成后，再着手处理A和C，这样一来，焦虑也就自行消失了。

虽然以上是用工作情境举出的例子，但身处其他情境时也一样，假如因为不知道需要做些什么而觉得焦虑，就把担忧的事情写在纸上，先集中精力去做一件事，如此不就可以轻松些了吗？

第1步 第2步 第3步 第4步 第5步

让自己的担忧"可视化"！

要点

把你的焦虑原原本本地写出来，让它变得"可视化"

第1步 现在的职场里正在发生着什么事

04 如何保护自己的身体不受压力影响

好好睡觉，让你的交感神经得到充分休息

我们人体内拥有植物神经系统，这是一种为使身体内部保持最佳状态而不停工作着的神经系统。植物神经系统包含在精力集中时和日间保持活跃的交感神经，还有在放松状态下和夜间活跃的副交感神经。

毋庸赘述，努力工作时交感神经会受到刺激。然而，如果交感神经长时间连续受到刺激，则会使血压升高，大脑和心脏的负担也会增加。

这种负担一直不能缓解的话，患上脑卒中、心肌梗死之类危及生命的重大疾病的风险也会升高。并且，这类疾病也会成为"过劳死"的元凶。为了让交感神经得到休

第1步 第2步 第3步 第4步 第5步

息，防止上述重大疾病发生，保证睡眠时间极为重要。可是，人们往往容易忽视睡眠的重要性。不知不觉中太过拼命努力，导致身体得不到充足的睡眠，这种事也时有发生。

长此以往，我们的交感神经会越来越疲惫，使我们丧失正常的判断力，变得在本应休息的时候也很难让身体进入休息状态。最终，我们的身心将会在压力中崩溃。

> 要点
>
> 自我管理能力很重要

第1步 现在的职场里正在发生着什么事 | 15

05 真的有必要如此"思前想后"吗

> 这种烦恼是必要的吗?

想得越来越多

现代社会,随着网络的普及,我们接触到的信息量已变得无比庞大。由于网上的信息质量良莠不齐,我们的生活中可谓是时时刻刻充斥着各种"需要考虑的事情"。

因此,人们总是被迫一边思考一边行动。比起往日,我们的生活更加便利,但另一方面,生活环境却也变得更加严酷。

现代社会充斥着名为"该如何生存下去"的压力,人们在这样拼命求生的环境中,身体和心灵都越发脆弱。正因如此,积极主动地放松休息变得尤为重要。

要想得到休息,最简单的方法大概就是"忘记那些不需要思考的事情"了。为了生存,我们很容易下意识地希望将新事物牢牢掌握在手心,但其实,学会放手才是更重要的。

"要是这么做,会不会被人瞧不起?""上司会怎么想呢?"以及"幸福究竟是什么"等,这类没必要去想的问题,不如一干二净地忘掉吧。

以上种种问题,一旦思索起来就没完没了,又很难得到明确答案。因此我们要做的是不再去思考这些使人徒增烦恼的事情,让生命变得更加轻松愉悦。

当下社会已然不似从前那样豁达乐观。有时候,想开些很有必要。首先拥有一处容身之所,其次拿到让自己吃喝不愁的工资,如此,不也足够了吗?

心灵的疲劳会给身体带来影响

我们想得越多,心灵也会越疲惫。不仅如此,如若放任这种情况不管,我们的身体健康也会受到影响。

说到身体上的疾病,早发现、早治疗是通往痊愈的捷径,这一点可谓广为人知。但目前,面对心理上的疾病,人们还很缺乏这种"早发现、早治疗"的意识。

在许多地方,人们对去精神科或心理科看病有着比较强烈的抵触情绪。因此,等人到了医院,告诉医生自己不舒服的时候,才发现病情已然十分严重,这类事件在生活中层出不穷。那么,为了实现心理健康方面的"早发现、早治疗",我们应该注意些什么呢?要知道,心理和身体是紧密联系的。我们几乎可以百分之百确定,心理上的不适,必然在躯体上有所表现。在此,我们首先需要注意的是"认识身体发出的表示已达极限的求救信号"。

当你发现自己有了"疲倦、疼痛、炎症/低烧"等症状,就应意识到"这有可能是一种心理求救信号"。

了解心理性疲惫可能在躯体上表现出的三大症状

1.疲倦

当人的精神承受了过多压力,身体就会变得疲惫不堪。可即便时常感到身体处于一种沉重、疲劳的状态,多数人也并不会意识到这是一种求救信号,反而会更加拼命地努力。

"越是困难的时候就越要强迫自己努力",这种美德观念驱使着我们勉强自己。当然,这种勉强只会带来反面效果。人类的精力都是有极限的,如果无视疲惫强行让自己坚持前进,很可能会让自己患上足以让整个人生都彻底混乱的精神疾病,这样的人已经有很多很多了。

2.疼痛

目前可以明确的是,精神上受到巨大压力的时候,人多会感到头痛或胃痛。可即便如此,因为这种疼痛大多只是钝痛,想忍的话还是忍得住的,所以许多人会选择买些市面上贩售的

第1步

药吃一吃,糊弄过去。

然而,这种做法完全不能让问题得到解决。要想摆脱这类症状,最好的办法还是消除烦恼,因为这些烦恼才是疼痛的根源。

3.炎症/低烧

这或许是我们最容易自己察觉到的症状了。炎症/低烧指的是出现体温持续保持在37℃的低热状态,令人感到身体十分沉重的症状。

想在现代社会的狂风骤雨中航行,健康的身体是你最宝贵的资本。千万不要忽视身体发出的求救信号,好好休息是很重要的。

> 要点
> 了解三大症状,学习心理疲劳的相关知识

心理健康维护法①

身体扫描法

若想培养一个强大的内心,让自己自然而然地不去思考那些没必要思考的事,你先要养成敏锐察觉身体变化的习惯。身体和心理之间有着紧密的关联。一般来说,不满情绪首先会从躯体上表现出来,然后,才会在心理上体现出来。也就是说,通过监测自己的身体状况,我们能够在心理健康受到影响之前采取应对措施。其关键点在于,不要等到身体出现诸如发热、头疼这种十分明显的危险信号时才发觉,而是要注意到以上症状出现之前的"身体不适信号"。尤其是处于紧张状态时,会更加难察觉到此类"身体不适信号",因此,它更应引起我们的重视。这个时候,身体扫描法就显得十分有效。如同做CT时对全身进行扫描造影一样,这一方法要求我们将意识依次集中于身体的各个部位,操作方法十分简单。让我们按照下列顺

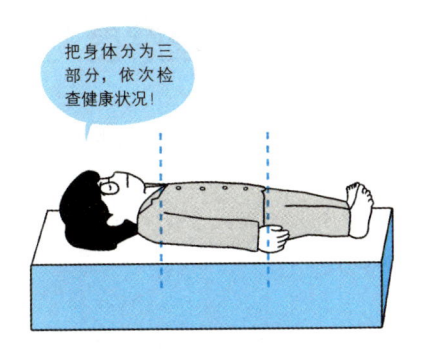

> 把身体分为三部分，依次检查健康状况！

序，进行全身检查吧！

①躺卧。

②慢慢将意识集中于脖颈以上，并汇聚于这个部位中三处易感到疲劳的地方。

③将意识集中于上半身，并汇聚在这个部位中三处易感到疲劳的地方。

④将意识集中于下半身，并汇聚在这个部位中三处易感到疲劳的地方。

从脖子以上、上半身、下半身这三大区域中分别选出三个部位，感受一下这些部位和平日里有什么区别。每天坚持进行上述自我检查，我们就更有可能提早观察到身体发出的求救信号，并找出相应的解决之策。

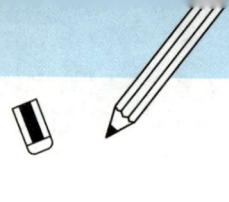

理解度测试

☐ 不能靠公司，只能靠自己来保护身体不受压力困扰。

☐ 完美的人生难以实现，因此要在自己力所能及的范围内尽力。

☐ 将你的不安原原本本地写下来，让它变得"可视化"。

☐ 自我管理能力很重要。

☐ 了解三大症状，检查心理疲劳。

第 2 步

情境研究之重新审视人际关系

自己与领导的关系、与同事们的交际，还有因远程办公而生的"孤立"……我们应该如何面对在人际关系中产生的压力？

01 与上司的关系：错并不在我

请保持距离！

与令人讨厌的上司的关系

这世界上生活着形形色色的人。一个组织内部，也会有很多不同的人。这之中必定会有一类人，你和他们怎么也处不来，不仅如此，他们身上也毫无值得尊敬的闪光点，最糟糕的事情是，这种人还可能成为你的上司。

那些在员工众多的大型组织里工作的人，大概会对这种事情感触颇深。遗憾的是，下属并不能够选择上司。

若是在公司里摊上个令人讨厌的上司，有些人大概会萌生这样一个念头："干脆辞了这份工作，跳槽到别的公司去得了……"可问题是就算跳槽，也不能保证在新公司里就不会遇到同样让你厌恶的上司。

得益于当代人越发重视职权骚扰现象，不分青红皂白怒斥下属的上司已经相当少见，但即便如此，我们还是希望不要碰到总是对自己发牢骚的上司。

在大多数情况下，如此惹人厌烦的上司也会遭到其他同事的嫌弃。因此，就算自己被毫不讲理地训斥了一顿，你的同事们大概也会安慰你说："他那种人就这样，咱不理他。"

然而，总是被这种上司缠着不放，随着他的一次次批评，不良反应也会慢慢显现。"毕竟也不是所有人都被他指责，会不会还是我自己有问题……"你自己也会开始否定自己。

而且，这样的上司往往倾向于攻击某个特定的下属。如果你不幸成了替罪羊，你将很难忍受他的持续攻击。

和上司接触需要保持距离

虽然你也可以向上级的上级，甚至是跟公司老板告状，但这也可能成为你被当作告密者反遭记恨，使事态进一步升级的导火索。既然还在公司里工作，那么和领导针锋相对、造反抗争，恐怕不是上策。

在这种情况下，不应想着去改变对方，而是需要用改变自己的方式进行应对。此时的第一原则是"保持距离"。首先请在物理上努力避开你的上司，尽全力不与领导接触。

在物理上远离了你的上司，就能在心理上也与其保持距离。此时，在抑郁症治疗等领域亦得到广泛应用的"元认知"

方法就显得十分有效了。所谓元认知，简单点说就是"如飞鸟一般，从第三方视角，俯瞰自己本身的存在和自己所处的环境"。

或许，身边有讨厌的上司存在这件事，正在你的内心世界中不断膨胀着，并不断挤占着你的心灵空间。然而，这样的上司难道有惊人的能力，能够剥夺你的生命或者财产等宝贵的东西吗？你可以应用元认知，改变自己过往的认识，从而意识到"上司能够对我的人生所施加的影响其实很小"。

今后，与上司打交道时，要注意对方是否在用一种居高临下的态度看待你。绝不能与对手站在同一个擂台上，否则会被拖入对手占优的领地，导致你的所有努力付之东流。

你甚至需要在心中俯视你的领导，可以把他看成一个"不惜让下属感到厌恶，就喜欢看别人拼命工作的可悲的人"。

并且，无论别人如何评价你，姑且让其成为耳边风，不要在意。毕竟对方不是能够理解你的人，就算你认真对待，也只会让人揪着自己言论中的矛盾点不放。用成熟的方法来面对评价，这一点很重要。

并肩作战也很有效

绝大多数情况下，性格如此令人讨厌的领导在你同事的心里也会是一个让人不痛快的家伙。如果身边有些朋友也反感这样的上司,你就能摆脱孤独感,不仅如此,你也可以考虑从朋友那里获得精神上的支持。不过,交友要留神,知人要知心。一定要小心,有些被你当作朋友的人,会将你们的谈话泄露出去。

以下是供参考的有效方法。如你看到同事也被上司责骂了,可以事后悄悄用一些简单的话语,比如"不只是你如此呀"来和他搭讪,进而与其成为伙伴。如果你所在的职场里找不到能当伙伴的人,那么也可以找家人、朋友、其他部门的前辈等看起来能够给你支持的人当自己的战友。重要的是千万不要单打独斗。要赶在精神层面被逼迫到连求救信号都发不出之前,早些找到可以聆听你心声的人,如此就能够早些得到鼓舞,从而坚定内心。

要点

不要单打独斗,而是要和朋友一起面对困境

第 2 步　情境研究之重新审视人际关系

02 处不来的同事：总有一天会结束

遇到合不来的人怎么办

在公司上班，会遇到各种各样有着不同属性的人，如此一来，就必然会存在"合得来"与"合不来"的问题。想到明天、后天、大后天还要一直与那些合不来的人共处一室，一起工作，心中必然痛苦不堪。

"还要看着他那张脸到什么时候啊……""真不想再去公司了，不行就辞职吧……"我们会自然而然地萌生出上面这些想法。

人在面对那些望不到尽头的事情时，会感受到极大的压力。就像在跑一场看不见终点的残酷马拉松，这种状态一直持续的话，终有一日，会使你的身体出现异常情况。

举个例子,将"这个项目还有半年就会结束了,就再忍耐半年就好"和"跟他这种合不来的人一起工作,不知道什么时候是个头"这两种想法做个对比,你就会发现,这两种思维带来的压力感受是完全不同的。

能看到终点就轻松了

如果你不知道什么时候才能结束一段和讨厌的人的关系,不妨试试"限时思维"。可以试着计算出你究竟还能忍耐多长时间,以此消除"看不到出头之日"的心理恐惧感。

我本人在和各公司从业人员的交谈中,也会向他们推荐限定忍耐时长的方法。"就再忍最后三个月看看!"如此暗下决心之后,首先坚持过这三个月,而后,若你觉得无论怎样都不能继续忍受了的话,就可以再次考虑离职的事情了。

实际上,实践了限时思维之后,大部分人还是选择了继续留在公司里,即使他们的现状并没发生什么改变。

想开的人会变得更强。限时思维能够使你产生一些余力,也能让你与给你带来压力的人之间产生适度的距离感。

虽然当你受困于足以令身心千疮百孔的疲劳感中时,理应立刻辞去工作,但若无法立刻离开,那么采取限时思维的方式来应对,也会有一定帮助。

糟糕的情绪也可以找朋友倾诉

或许有很多种职业并不适用限时思维。比如服务业从业者们,有时免不了要跟一些恶意投诉和令人厌恶的客人打交道。

被初次见面的客人用激烈、尖锐,甚至充满攻击性的言语责骂的话,很容易留下严重的心理阴影。况且,所谓恶意投诉者,正是那种以"使他人感到困扰"为乐的人,他们会反复纠缠甚至打电话骚扰。如果不知道他们何时会前来惹事,自然也就没办法应用限时思维了。

遇到这样的情况,公司本就有义务对员工进行保护,因此我们不必过度紧张,觉得"自己必须认真应对此事"。即便是客户,如果其行为是无理取闹,服务业者们也会随着一次次的投诉处理而身心俱疲。因此,这种情况下应该首先与公司方面进行交流,确保自己拥有"避难通道"。如果知道了恶意投诉的人会在什么时候找上门来,在其上门的时候可以暂时离开工作地点或躲到仓库等地方,在物理上与对方保持距离,这一点十分重要。

以及,在同事面前,请不要顾虑,大胆诉说这位客人的无理之处吧。职场中的好友在面对这位令人讨厌的客户时,应该也不会向其透露你对他的不满。通过将此人的信息与同事们共享,大家都能够对其多加注意。

将压力发散出去是非常重要的,切忌独自把事情憋在心里。

根据统计,过度投诉的人,有很多是十分孤独的。他们到了退休的年纪,离开工作岗位,自己一个人孤零零地生活,这样的人希望为心中郁结的压力和因社交不足而产生的缺失感等找一个发泄出口,所以才多次投诉。这样想来,他们也不是没有可同情之处。但反过来说,这种过分的投诉也不应该得到超过必要程度的认真倾听。当然,正当投诉也有很多,不能将二者混为一谈,一刀切地置之不理,但若明显是"为了投诉而投诉",我们并不需要认真应对,而是要给自己多准备几条"避难通道"躲开他们。

> 还有最后三个月……

要点

抱怨那些讨厌的人时,记得跟好友一起

03 布置的工作任务太重了：拒绝的原因并不是"我很没用"

拒绝上司指派的工作任务并不是你的减分项

进入社会工作一段时间之后，我们会遇到被迫超负荷工作的情况。比如，前辈或者领导要求我们在短时间内完成大量任务。这种时候，我们内心明明觉得这样的要求无法完成，想拒绝掉，但又很怕让别人觉得自己"是个不中用的家伙"，所以往往最终接了下来。不仅如此，我们还会把上司要求我们在短时间内完成大量工作这件事，解释为上司觉得我们肯定做得到，将其视为自己"获得上司信赖"的证明。

因为太想做些什么来回应他人的期待，所以就算是多少有些过量的工作任务也愿意答应下来，这种心情可以理解。然而，在自己本就有任务在身的情况下，还要在短时间内完成别人甩来的工作，那恐怕就得做好加班甚至通宵的准备了。一次次这样做的话，身体和心理出现问题也是早晚的事。就算为了自我保护，也应该拒绝掉这种过分的工作要求。

可话虽如此，拒绝上司和前辈们指派的任务并不是一件容易的事情。此时，你需要一种行之有效的方法：表面上接受，实际上委婉拒绝。

委婉拒绝的技巧

拒绝上司和前辈们委派的事情时，首先请表明自己在时间上来不及完成如此紧急而大量的工作任务，然后再提出一个代替方案。

代替方案所传达的内容可以包括其他能够完成的任务，以及自己独立完成任务所需的时长等。领导指派工作时候，可以按如下方式与其交流。

上司："三天之内，你把和这个项目相关的资料整理总结一下。"

你："这周我有其他的工作任务，时间紧迫，实在腾不出手来。"

上司："做不了吗？"

你："也不是，我自己的任务本周内就可以完成，所以，要是下周再给我一周的时间，我大概就做得完了。"

上司："这样啊，那么就拜托你下周末之前完成吧。"

请注意，在这里有一个重点：最终做出判断的人是你的上司。如果你在上司向你指派任务的时候就直截了当地说"我完不成"，接受与拒绝的决定就变成你自己做出的了。

与之相对的，如果你提出了代替方案，那么是否接受这一方案，做出判断的人就是你的上司。他会觉得，再怎么说，主导权还是握在自己这个领导手里，因此也不至于丢面子。

而万一上司不接受这个代替方案，他也会觉得"这样一来就没办法啦，拖到下周可就来不及了，这次只好先让其他人做了"，从而更容易接受你的拒绝，不再步步紧逼。

如此一来，乍看可能感觉你没有回绝，但实际上，你向领导表明了自己的现状，传递出其要求的时间太紧迫，无法完成工作这一信息，这就是"表面上接受，实际上委婉拒绝"。

还不习惯与人交涉？那就为你的说辞加上铺垫

初入职场、经验尚浅的年轻人可能会觉得自己不习惯与人交涉，没办法顺利地拒绝别人。此时，就需要先添加一些能让听者觉得舒服，能让其感受到自己的热情与真诚的铺垫，如此一来，拒绝别人就会简单很多了。

"我愿意全力以赴，埋头苦干，所以，还请给我一个星期的时间。"

"我在现在这个情况下着手去做的话,可能会分散精力,我怕给您添麻烦,不过……"

可以用这样的语气,巧妙地避开对方的锋芒,不让自己被迫接受不合理的工作安排。

如果说到这个份上还是不行,那么就有必要果断拒绝了。

上司:"那个谁,这个任务就拜托你啦!"

你:"抱歉,现在我没有空余时间,没办法完成。"

这么说可能听上去有些刺耳,可总比强迫自己接受不合理的任务量,不分昼夜地加班连轴转,最终把身心都累坏要强得多。只是,这也需要结合职业种类和公司风气,具体问题具体分析,采取合适的言辞。

和同事探讨这种工作量不合理的问题也是一个好办法,如果对方正好有空闲,也许会向你伸出援手。

要点

被过度委派任务,切莫勉强自己接受

04　追求成功压力大：不去想失败了会如何

> 要是有经理协助的话……

> 没事，不用在意！

人会意识到自己的不完美

过于追求完美，我们便会因担心失败而变得畏首畏尾。商业领域中，多数场合更强调结果评价。假如你失败了，上司会对你发火，你自己也会给自己更低的评分……你心中充满着担忧，不可避免地越发气馁懦弱。

并且，那些致力于追求完美的人，是总想着"我一直都在付出120%的努力，失败的唯一理由只能是还不够努力！"的人，也是用力过猛的人。他们不会把错误归咎于别人，所以一旦失败了，受了批评，便会丧失自信，怀疑是不是自己的能力有问题。

然而，人不会是完美的。无论多么努力，该失败的时候总归会失败。我们没有必要对自己步步紧逼。

明白了这一点以后,你应该也可以意识到:自己并不完美,同样,别人也不是完美的。追求完美的人,往往缺乏"人无完人"这一常识,他们中的大多数人相当自负,认为"自己就是完美的人"。因为他们总是很自觉地认真做事,所以也会以同样的高标准来要求身边其他人。

大多数情况下,这样的人会在心底渴望得到他人认同。正是因为太希望收获来自他人的认可,他们才要求自己和别人都做到完美无缺。

不过,对那些被迫卷进来的人而言,情况就完全无法忍受了。如果你正经历着完美主义者的高标准要求,迎合其认可欲求的做法是行之有效的。

比如,你没能达到对方希望你达到的标准,这个时候可以像下面这样说:"真不好意思,我想,要是换了前辈您来做,一定就顺利多了,我还不太熟练。"以此认同对方的能力,让气氛好起来。即使对方对完美的苛求令你很恼火,也请记得以稍微成熟一些的方式来对应。

完美主义中也包含着明知故犯的成分

在完美主义者中,也有人其实能预见到别人并不能做到完美,却还是要求对方交出百分之百完美的成果。

如此过分地要求别人,别人当然没办法做到。这种情况下,完美主义者认为对方会向自己求助。其结果就是,他们认为自己占据了上风,他们的认可欲求由此得到了满足。

因此,即使完美主义的人常给你施加压力,你也不必惧怕失败,不必对自己过度苛求。假如失败了,也不要责备自己,不如迎合对方的自尊心,把话风转向:"真了不起,还得看您啊!"

"满足这个人的愿望,认可他的能力,让他来帮我的忙就好了",我们需要以这样轻松愉悦的情绪投入工作,这一点很重要。

以成功经历的积累构建自信心

虽说失败不可怕,可要是总在同一个地方跌倒,也是十分令人痛苦的。失败之后,重要的是找到原因,思考应对之策,争取不再犯同样的错误。

只有从失败中汲取教训,我们才能走向成功。

成功自主创业的人也好,在某个组织内出人头地的人也好,似乎在别人眼中,他们都有一个共同点,那就是"对自己有自信"。这种自信不一定过度,也不见得有什么来由。即使无根无据,保持强大的自信也有助于使大脑分泌多巴胺,提高注意力和思考能力。提升自信靠的是成功经验的积累。世界上不会有人从未体验过成功的滋味,如果你想不起自己的成功经验,很可能只是你忘了。有太多人对过去的失败久久不能释怀。如果你处于"虽不至于迟到,但习惯睡懒觉,总赶不上想要赶的那班车"的状态，那么只需要稍稍下点功夫，改变观念，要求自己每天准时乘坐同一班车，就可以获得很棒的成功体验。

即使失败了，也不用意志消沉。如果在实践中觉得目标难以达成，只需在接下来的过程中修正它就好。

如果你成功了，就意味着这个迄今为止缺乏自信、什么也做不好的你，为自己定下了目标，向其发起了挑战，并最终实现了目标！请赞美自己的壮举吧！

> 孜孜不倦，一步一步达成目标。

要点

将小小的成功累积起来

05 对同事们的嫉妒心：别人是别人，自己是自己

别人是别人，自己是自己，二者要分清

"胜利组""失败组"这两个词，大概是在最近20年广泛传播开的。在企业里，工作做得好，在出人头地的康庄大道上大步前进的人，就被称为胜利组，而一直没办法在工作上有长进的人就被归为失败组。

这样一来，人们会比以前更能意识到竞争的残酷，使整个职场都笼罩着紧张而死板的氛围。当然，人各有异，有人对某个事物比较热衷、擅长，有人则不然，且人的性格也是各种各样，不尽相同。工作成果有差异，也是理所当然的。

当无法达成理想中的成果时，人们往往容易嫉妒那些

工作进展顺利的人。嫉妒他人的成功这一点，也能够成为嫉妒者工作十分认真的证明，因而未必是件坏事。只要将这种嫉妒心转化为今后工作时的动力就可以了。

但是，因过于嫉恨而企图干涉骚扰或者排挤疏远别人，则是非常不健康的心理状态。思想扭曲可能会导致你迷失前进的方向。

若你嫉妒某个人，就请先关注一下这个人的成功背景吧！嫉妒那些业绩出类拔萃的同事时，应当想想看，为什么他们能够做出这么好的成绩。

没准他在大家看不到的地方也在不停地默默努力工作。成功的人，都需要在大家看不见的地方努力。

然后，参考对方的工作方式，你也如此努力，就没问题了。可如果你在调查你所嫉妒的人的成功背景时，发现了诸如：过于热情地对待客户，这种自己难以接受的事情，也不必勉强自己去做。

如果你觉得"我做不来那种事，也不想做"，那就只考虑如何按自己的方式做事便可。请坚持"别人是别人，自己是自己"的思考方式，坚持做自己力所能及的事情。

优越感和自我认同感是有区别的

以对优秀者的嫉妒心为动力，奋力拼搏，最终也会使自己的业绩得到飞跃性的提高。现在，该你来迎接周围人投来的羡慕眼光了。

被这样的目光包围,你理所当然地会产生这样的感觉:"我对公司作出的贡献比周围人多,我所获得的评价也更好。"

然而,这种状态能称得上是有很高的自我认同感吗?很遗憾,这不一定算是自我认同感高。与周围人进行比较时,产生的充其量算是优越感。

有很多人把自我认同感和优越感混为一谈,然而这两者之间有着决定性的差异。关键点在于,优越感是与他人进行比较之后产生的感觉,而自我认同感则不然。

需要意识到人外有人,天外有天

即便你觉得"我比部门里的任何人都更加努力,也更能做出成就",也必定有比你站得更高的人。即便本公司里没有这样的人,其他的同业公司里也必然有比你更加优秀的人存在。你这不过是"井底之蛙焉知大海"的状态罢了。

即便在现实生活中没有见过比自己更优秀的人,在各种媒体上也很容易见到,在网上,只要你想,不难找到比自己层次更高的人。

当遇到能力比自己强的人时,只把优越感作为动力的人,会看到严酷的现实,并会产生强烈的嫉妒心。当然,若是能将之作为"食粮"鼓舞自己精进也罢,可实际上并不是所有人都有那么高的觉悟。这样想想看,沉浸在和他人做比较、认为自己更胜一筹所带来的优越感里,不也是虚无缥缈的吗?

然而,自我认同感高的人无论是在表现好的时候还是表现差的时候,都能肯定自我。认同自己的能力与局限性,是需要勇气的。而当你能够做到这一点的时候,你也会重新认识到他人的长处,察觉到他人所做的努力。今后,请不要为了获得优越感而努力,而是要保持着强大的自我认同感生活。

要点

比起优越感,自我认同感更重要

06 怒发冲冠时：没有必要报复他人

生气的时候先冷静一下

你也许会想：职场上的同事们，如果都是与自己合得来的人就好了。但人生在世，可不会有如此好事。正是形形色色的人聚集在一起，才构成了所谓的社会组织。

运气不好时，难免会碰到无论如何都没办法好好相处的人成为自己的领导、同事的情况。若是这种人不分青红皂白，对你说出什么毫无道理可言的恶语，恐怕你会立刻暴跳如雷。

这种情况下，我们也许会被冲动驱使，愤怒地以其人之道还治其人之身，有些人可能还会想着如何采取手段来对其进行报复。

然而，在工作场所怒斥他人，会给其他同事带来麻烦，以某些触犯法律的方式报复别人，自己也会受到惩罚。

这个时候，还请保持冷静。让情绪冷静下来的方式多种多样，遇到上述情况，最有效的办法是时间消耗法。

所谓时间消耗法，就是指等时间耗尽。但是，这并不是要我们待在原地安安静静地等。可以暂时去下洗手间，或者去能呼吸新鲜空气的室外，重要的是离开现场，让怒火得以冷却、熄灭。

此时最不能干的事，就是一动不动地坐在自己的座位上静候自己忘记刚才的怒意。毕竟还能看见对方的脸，回想起刚刚他对自己说的那番话，如此无论过多长时间都没办法从愤怒中走出来。

请离开事情发生的现场吧。可以这样想：即便自己的情绪不会立刻消散，让愤怒等级从最高的10级降到9级也好。

被人用严厉的语气训斥的时候，请全力克制自己反驳的冲动，仅需说上一句"我稍微出去考虑一下""我得让自己的脑子冷静冷静"，然后离席便好。这样做可以表明自己并不是全盘接受了对方的说法，也给自己留下了冷静过后再来反驳的空间。

遇到头脑已经降温，却还是觉得不解气的情况，只要重新找机会，冷静地反驳就好。

惹人恼火的人有哪些特征

可就算如此,即便自己当时是冷静下来了,也不知道对方会在什么时候又对自己说三道四。无论哪家公司都存在这种合规意识低下,堂而皇之地对他人进行职权骚扰,自己焦躁不安时就对下属和同事们乱发脾气的人。

这种常常焦躁不安的人存在这样一种特征:因为不想落人下风,所以无论什么时候都紧张兮兮的。他们十分擅长找理由将自己的行为正当化,在会议之类的场合会倾向于强迫周围人顺从自己的意见。

并且,即使别人出于好心,对其提出建议或者忠告,他们也只会认为对方是恶意地"反驳自己的话""给自己拆台",有时完全无法倾听来自他人的意见。

和这种人相处,实在是一件倒霉的事情。

对于合不来的人,随便应付过去也是办法

没有什么比与常常向他人散播焦虑、让人心生愤懑的人相处更让人觉得不愉快的了。如果实在无法忍受,与这样的人在心理和物理上均保持距离,也是个好办法。

尽全力不与其对话、坚决不和他接近,即便他对你说了什么,也不要正面理会。

然而,还请记得这一点:无论到了哪里都会有和你处不来的人存在。要是和一切合不来的人都保持距离,那可就没完没了了。世界上不会存在100分的理想乡,看清这

一点才能让生活更加轻松愉快。即便是遇到了无法和那些四处播撒焦躁情绪的人保持距离的情况,也不要勉强考虑"就算很难,也还是跟人搞好关系吧"或者"努力让他接纳自己"。

只要他本人没有这样的打算,就永远不可能真正改变他。不如思考一下如何让自己在这样的环境中过得更快乐一点。

如果在工作上必须和其相处,淡然地保持一种表面上的交往关系就足够了。不要以他人的评价体系为中心进行思考,而是应该以"自己希望如何做"为评价基准来看待事物。

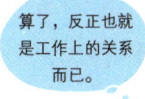

> 算了,反正也就是工作上的关系而已。

滔滔不绝

要点

将"自己希望怎样做"作为评价标准

07 公司裁员人心惶惶：裁员，不一定裁掉我

现代社会，裁员已成为理所当然

终身雇佣制度如今已土崩瓦解，甚至因为业绩问题，一些赫赫有名的大型企业都开始理所当然地裁员了。即便不至于裁员，也有很多企业开始降薪或者招募自愿退休职工。

不仅如此，现状是有许多企业一边不动声色地进行着裁员工作，一边还不忘保留应届毕业生统一集体雇佣的传统，因此，有工作经历的求职者想要中途被其他企业录用也面临着很大的障碍。

对于在公司里上班的职员，因企业裁员导致的失业是无论如何都希望避免的大麻烦。若时常看到有同事遭到裁

员，一种负面氛围就会在职场内蔓延开来。大家都会陷入一种人心惶惶的状态，担心"会不会下一个被裁的就是自己了"。

这种现象被称为"情绪传染"，是一种人类独有的现象。如同音叉共振一般，情绪也会在人与人之间传播开来。

近年来，综艺节目会使用人工笑声来补足笑声音量，就是利用了这种情绪传染的效果。

情绪传染效果因人而异，有些人生来就容易被他人情绪传染，有些人则不然。

具备HSP特质的人更容易被情绪传染

所谓HSP（Highly Sensitive Person，高敏感人群），指的是生来具有极高的感受性和共情能力的人。具备HSP人格的人，视觉和听觉等感官都会更加敏感，他们中的大多数都有与生俱来的强感受性。

提出HSP概念的伊莱恩·阿伦博士认为，平均每五个人之中就有一个是高敏感者。

容易被情绪传染的人能够像事情发生在自己身上一样接收他人的负面情绪。同事遭到裁员，他们也会像自己被裁了一样感到不安、哀伤悲叹，这在某种程度上，是十分让人心累的。如果过分吸收对方的感情，自己的身心也会在某一刻患病。将别人的事当作自己的事，为此事感到欣喜或哀愁，虽然也可以说是心地善良、温柔体贴，可要是因此把自己的健康毁掉，那么这种品质也就失去了意义。

我们应了解的是，HSP人格是一种特质而并非疾病。既然不是疾病，也就谈不上对其进行治疗。因此，知晓自己到底是不是HSP人格，充分理解自己为了轻松生活应该做出什么样的努力，并在此基础上处理人际关系，是很有必要的。

而且，HSP人格也并不全是坏处，有时它的某些特点甚至能够成为强项。

比如，HSP有这样一个特征——"能对事物进行深入思考"，换言之，这是具有探索精神。这样的人十分适合那些研究岗位和需要对事物探究到底的职业。

不仅如此，因为他们容易共情他人，所以他们也很适合医疗护理、教师、心理咨询师这一类需要直面人心的工作。

在一味追求生产能力和效率的现代社会，生活对于HSP人格者们来说是十分艰难的。然而，还请先尝试着认可自己的这份特质吧！

建立自己的专属屏障，防止情绪传染

防止情绪传染的有效方法是建立属于自己的屏障机制。虽然称为屏障，但其实并不需要利用什么特别的事物来建立。在胸前的口袋里插上一支笔就能成为一种屏障。

放在桌面上的抽纸盒子、笔筒、电脑之类的物品也可以是屏障，它们虽然不能成为物理上的屏障，但可以成为一种"这是我的专属保护墙"的心理暗示，重点是让自己意识到不能允许情绪越过屏障汹涌而至。那些容易接收他人情感的人，请务必试一试这种屏障法，试着让自己意识到，不能过度吸收别人带来的情绪。

> **要点**
>
> 使用自己的"专属屏障"来防止情绪传染

08 让人头大的多管闲事者：拒绝并不是件坏事

如何拒绝讨厌的事情

这世界上总是有一些喜欢多管闲事的家伙。无论在哪里工作都会遇上几个这样的人。若只是在工作上热心细致地传授经验也就罢了，要是连涉及个人隐私的事情都来掺和，那就会十分让人烦恼。

而且，让人头疼的点在于，爱多管闲事的那个人也是出于亲切和关心才这么做的。也许有很多人会认为，不假思索地拒绝别人的好意有些不太合适。

好多管闲事的人，正是由于总认为自己的考量都是正确的，才会时常插嘴干涉。他们一般不能意识到自己的"正义直言"会给对方带来麻烦，因为他们总是想为别人做些什么，帮别人改正些什么。和这样的人相处时，如果回应方式不得当，可能会伤害对方。因此，有时会不得不无奈地按照对方说的方式去做事。有过这样体验的人大概不在少数。可是这样下去，麻烦只会无穷无尽。本来应该按照自己的意见做决定的事情，却不断被别人指手画脚，被迫按照别人的节奏走，搞得自己什么都做不成了。当然，这也会带来巨大的压力。因此，以后请不要再继续认为"拒绝别人是一件坏事"了。我们没有必要去压抑那些自己感受到的"讨厌、麻烦"的心情。

拒绝多管闲事者，具体该怎么做

具体应如何拒绝多管闲事的人呢？要点有以下三个。

- 首先，向其表达感谢。
- 其次，明确表达自己的感受。
- 最后，稍微表现出一点受到困扰的样子。

虽然最近这种情况应该少了很多，但你应该也有过休息日被领导邀请去做些什么事情的经历吧？举个例子，你的上司喜欢运动，周末邀你一起去打网球。

上司："听说你一到周末就闷在家里面上网，这样对身体可不好啊！这个周六我们一起去打网球吧。"

你："多谢领导关心了！"

上司:"那我帮你也预约一下吧!"

你:"不好意思,您看,这好不容易打一次网球,我其实也不太擅长,要不还是算了,再说我其实也偶尔会去竞走的。"

上司:"那哪儿够啊,而且你不是总在外面吃饭吗,正好下个月我老家会送来些蔬菜,你也拿点回去吧!"

你:"其实,我不会做饭的,就算您送给我,我也……(露出为难的表情)我个人的事情自己能搞定的,您别担心,没事儿。(干脆地拒绝掉)"

首先,不要忘了感谢对方。其次,在此基础上向其传达自己的想法,以不希望对方进一步干涉私人问题的语气果断干脆地拒绝他。

如此一来,也不算是对别人失礼。

只是,那些爱多管闲事的人,大多喜欢给予他人恩惠的感觉。因此,一次两次的拒绝,并不会使其知难而退,他们还是会找机会多管闲事。

或许我们只能一次又一次地让对方明白,不能凡事都按他们的想法去做,才能使问题得到改善,除此之外并无佳法。

把主语换成"全体"就容易拒绝了

随着远程办公的推广,相较于以前,职场同事会更多地介入我们的私人空间,给我们带来困扰。

若是召开线上会议,自己家里的样子就不可避免地会在一定程度上曝光于众。有些女性还因为在和上司开线上会议时画面里出现了换洗衣物,而被上司建议将之收好。

不用说,这些女性自然会十分恼火,虽说上司大概并没有恶意,但他们确实没必要特意来干涉这种问题。

遇到这种情况,可以这样说:"您要是这么讲的话,可就是与公司里的所有女职员为敌了。"把主语扩展到"全体",对其进行反驳。

将主语扩展为全体,话语就显得不那么尖锐了,也能给人留下一种不那么有攻击性的印象。

> 这么说是与全体女性为敌哦!

> 差不多也到了结婚的年纪了吧?

要点

对上司的言论进行反击时,要把主语扩大化

09 无法融入圈子里：这与交流障碍没关系

没有必要强迫自己融入群体

交流障碍常用于指代那些极度不擅长和他人进行闲聊的人。本来交流障碍指的是在幼年期和青年期发病的心理障碍，但是，现在作为人们口中流行词的"交流障碍"，则带有一种对那些不善言辞或者缺乏组织性、协调性的人的揶揄之意。

企业是由具有各种各样背景的人聚集在一起组成的，因此，在企业中自然存在这样一种人，他们不擅长参与到多人对话中，甚至连别人邀请他们一起吃午饭时都不想去。

为自己的这种性格苦恼的人容易认为"反正我就是个交流障碍"，从而感到自卑。

但是,"职场中不合群""不想合群"的人,真的有什么问题吗?其实,人们是因为内心某处抱有一种焦急的情绪,觉得融不进圈子就坏了,才会产生烦恼。

确实,在现在的企业中依然广泛存在着不可不融入周围环境的压力,即群体压力。不能融入环境,坚持已见的人可能会被贴上"没有组织性"的标签。然而,我们完全没有必要为了融入周围人的圈子而丧失自我。况且,公司也不是"好友俱乐部"。因此,比起在意协调性、组织性,首先应该老老实实地努力工作,做出成绩。只要拿出成果,他人自然会主动接近你。

希望融入圈子时该怎样做

"为了合群,不惜委曲迁就,这种事儿还是免了吧!"这种天生的"独狼"能够做到按自己的节奏去生活。但问题是,有些人的情况是:明明很想融入圈子,和大家一起快乐地生活,但就是不合群,讨厌这样的自己。

我要向这样的人推荐一种方法:把打招呼当作与人交流的工具。职场内三五同事间相互说起"今天午饭去哪吃啊?""晚上要不要去喝一杯?"之类的话题,讨论自然就会变得热烈起来。

平日里关系亲近的人很容易打成一片,但若不是这种情况,那么想融入小群体时,就会发现这件事意外地十分需要勇气。鼓起勇气表达"我也想一起去",比起融入别人的群体，不如说更像是一种闯进别人群体的状态。

换言之，就是突然把距离拉得太近了。

最先要做的是，和你希望搞好关系的人多打招呼，让你们的关系深厚起来。比起仅仅打招呼，采用叫出姓名加打招呼的方法会更有效。

反复使用"某某，早上好呀！"或者"某某，今天辛苦啦！"这样的问候语，就会逐步拉近心灵的距离。等你们彼此习惯之后，再慢慢向对方搭话，你们之间的距离感就会迅速缩小了。

准备一些拒绝之词，避免卷入话题

虽然比起以前有所改善，但现在的企业内依然存在分不清上下班状态的现象，比如下班后有人邀请你去参加酒会聚餐，有时难以推脱。

对方："大家都想下了班去喝几杯，你也一起来吧？"

你："今天我就不去了。"

像这样回复对方，干脆利落地拒绝掉，虽说也可以，但想把你拉上酒桌的人会一个劲儿强行邀请你去。因此，若你并不想去喝酒，事先想好一些理由用于推脱会比较好。用"我定好了等下跟女朋友去约会，所以……"或者"今天约了朋友见面，所以……"之类，哪怕用实际上并不存在的事情当理由也没关系。就算你实际上很喜欢喝酒，但只要公司里的人不知道，你就能够给自己立一个

"不善饮酒"的人设。现在,"酒精骚扰"❶这一词汇也已广泛流行开来,因此对方也不好硬拉着你去。不如说,从今往后对方也可能会觉得"硬要请这个不会喝酒的人去喝酒也没什么意思",而不再邀你去参加烦人的酒会了。

对于并不讨厌酒会本身,偶尔也能去喝一点的人,建议事先为"去"与"不去"的选择定好一个判断标准。像"周五晚上或者放假之前有人请我,我就去喝""与自己没交集的人超过3个的话就不去了"之类,按照自己的标准提前定好规则,事情就简单多了。

要点

收到不感兴趣的邀约,请以自己制订的规则为判断基准

---

❶ 酒精骚扰(アルコールハラスメント,通称アルハラ),指关于酒精的各种骚扰行为,比如强迫过量饮酒、强迫一口气干杯、酒醉后的失言或不当行为。——编者注

10　被忽视了怎么办：
你并不一定是被人讨厌了

> 那个……

把自己和他人分割开来

职场上的人际关系，可能会是你入职某家公司后遇到的最大的压力来源。

一边在意自己与别人的关系，一边努力工作，你会觉得压力大得出奇。导致身心疲惫不堪的原因之一是"过度关心别人对自己的评价"。关于工作的事情自不必说，可就连与个人的兴趣爱好相关的私事都要一个劲地担心"别人会怎么看待自己"的话，岂不是让自己的行动受到极大的限制了吗？

工作上的事情暂且不谈，如果就连"要是买了这么花哨的衣服，周围的人会怎么看我啊"之类的事情，都要在意他人能否与自己共情，就会搞得自己喜欢的东西买不成，想去的地方也去不成，完全无法享受自己的人生了。

或许这样的人会得到"懂得察言观色"的好评，但与此同时，这种行为也可以被诠释为总是迎合别人的意见，"仅仅是好说话而已"。在精神病学和心理学领域，一般建议人们把自我和他人分开来考量。因为将自我与他人混为一谈的行为，会带来多余的压力。

举个例子，你看到同事正在给打印机里补充复印纸，于是你前去帮忙。然而，那位同事并没有对你道谢，而是转头就走了。

你可能会觉得非常生气：那人怎么连个谢谢都不会说？真是没礼貌！然而，即便你是出于热心而帮忙的，也有可能打乱了同事为了把握剩余纸张数量才特意亲自添纸的计划，反而让他觉得你是帮了倒忙。这种情况下，强求同事给自己道谢，不也显得有些傲慢了吗？

又或者，在早晨上班见到上司时主动向他打招呼，对方却摆出一副烦躁的模样，一言不发。也许你会因担心"他是不是因为我做了什么事生气了"，而变得坐立难安。但你的上司也很可能是因为别的事情而生气。没准是因为早上出门的时候两口子吵架了之类的事情。如果真的是因为你的事情而生气，那他早晚会对你讲的。总去窥探对方的脸色就太劳神费心了，因此这种行为本身并没有什么意义。

第1步　第2步　第3步　第4步　第5步

被无视了也不要觉得别人讨厌自己

打招呼对方却不理睬时,你是否会很心虚呢?一直纠结于被他人无视的经历,也许就会使"我会不会是被讨厌了啊?""是不是做了什么不好的事情得罪别人了?"等负面猜测在心里逐渐膨胀。

但如果将自我与他人区别开来,分开考量,再遇到这种情况就能轻松应对了。你确实是打了招呼,可如何回应毕竟是对方的问题。

有可能对方只是因为全力集中于工作,以至于连回应的空闲都没有,或者只是因为没听见。

被那些爱说闲话的人讨厌了也无妨

哪个公司都有爱八卦的人。一般来说,如果遇到有人向自己传一些工作之外的、无关紧要的闲话,几乎没人会想卷入其中。听别人的闲话也绝不是一件能让人感到愉悦的事情。

与此同时,人们同样会出于防御本能,觉得"要是不搭理他,自己也会被他记恨,搞不好他也要说我的坏话了"。那些喜欢八卦的人,特别擅长对人吹毛求疵,找到说人坏话的素材。无意中说出口的话被传得沸沸扬扬,很让人受不了。

然而,我们只需要考虑如何保护自己。想想跟别人一起传闲话的风险吧!常常说人坏话的人,总有一天会被整个职场厌弃。

请不要理睬那些八卦。毕竟，被一个爱说闲话的人讨厌，以及和他一起说闲话被全体同事讨厌，哪个更好一些，这个问题的答案无须过多思考。

遇到有人向你传闲话的时候，你回答"哦，这样啊"，表现出一种毫不关心的姿态，赶紧转身离开即是最好的办法。像这样将其完全敷衍过去便可。

要点

当心那些爱传闲话的家伙

心理健康维护法②
心理和身体的状态

　　心理训练不是指像锻炼肌肉那样锻炼你的心灵。不要觉得这很难,其实只需在一天将结束之时,注意一下下列几件事即可。

　　① 思考一下自己目前是什么心情。
　　② 在心中给自己贴上符合自己当下心情的标签。
　　③ 将之如实接受。

　　首先,一边回顾当日发生的种种事件,一边审视自己的情绪,如此之后,纷乱的心情或者愤怒的感觉等多种多样的情绪就会沸腾而起,翻涌上来。其次,你需要一边原原本本地正视这些情绪,一边着手进行第2项任务。如果不习惯将感情用语言描述出来,则会觉得这个任务很难。在这里,我们采取"贴标签"的方法。
　　请预先列出大约十个自己心中容易产生的情绪,比如

"担忧""罪恶感""烦躁""焦虑""恐惧",等等。当你回忆起上司对你发火的事情时,就从上述标签中找出与那时的心情相近的贴上。即便贴标签时心中又浮现出过去引发了同样情绪的其他事情也没关系。压抑这些情绪是不好的,要评价一下自己是否让思绪完完全全浮现出来了。

接下来就是第3项任务,这也是最难的一项,当你尝试着去接受这些标签上的情绪时,会有一种强烈的念头在脑海中沸腾,那就是抗拒这些情绪的念头。然而,为了能够正确地评估自己的内心,原原本本地接受它们是很重要的。

理解度测试

☐ 要和同伴们一起应对上司。

☐ 不勉强自己接受不合理的工作量。

☐ 将一个个小小的成功累积起来。

☐ 自我认同感比优越感更重要。

☐ 遇到不感兴趣的邀约,以自己制订的规则为基准来回应。

第3步

情境研究之重新审视职场环境

工作中察觉到的领导投来的视线，同事们的八卦闲聊，因线上办公而打乱的生活节奏……你身边的职场环境每天都在发生剧烈的变动，与此同时，它也在给你带来大量压力。

01 上司好像总是盯着我：不必随时做好准备

对于"把监视当工作"的上司，不必与其来往

越来越多的公司引入了线上办公模式，很多人不得不重新审视自己的工作方式。

每天都与同事、上司见面交流，突然变成以电话、邮件、聊天软件、社交媒体等媒介为主进行交流，最初会给我们带来很大的困惑。

其中，"上司总是发消息来确认，工作完全没办法推进""每隔一个小时就要汇报工作进展"等，越来越多的人表示他们有类似的烦恼。虽然很想问问自己的上司：

"您就这么闲吗？"但我想，各位在这种时候还是会忍气吞声，不情不愿地应对上级的要求吧。

像这样，上级频繁联络，反复确认工作进度，会让人感到仿佛被监视着一般。若是没有及时接起电话，或者回复稍微慢了一些，"对方会觉得自己是在偷懒，搞得连上厕所的时候都不敢不带手机"，这样想的人也不是不存在。不过，在这种状态下，工作表现会明显地变差。因为人们无法集中精力做该做的事情，即使能集中了，也会被上司打断。

无法接电话的情况，在之后回复的时候，可以用"不好意思，刚刚正在与别人商议事情"这样的话语，将主导权握在自己手中，陈述理由，如此一来，也就能减少被别人絮絮叨叨抱怨的概率了。

即使是上司应该也难以做到即时回应。你也大可抛弃那些无用的压力，以一种坚定的态度应对这些事情。

喜欢鼓吹毅力论和精神论的公司，要考虑其是"黑心企业"

本来，就职于有着极其严格监视体系的公司，从业者就很难有"在这家公司，我能安全地工作"这种心理上的安全感。

虽说公司方自然有权制定自己的管理体制，可如果员工受到过度的监视，就会产生诸如"自己的工作方法被怀疑""这家公司根本不相信自己"的不安感。

在信任关系破裂了的环境中工作，人们会感到相当大的压力。

有一个很有意思的调查结果。将若干打字者分成两组，其中一组在打字的时候手部动作会被人注视，另一组人打字时则不会有人看着。对比一下两组人打错字的数量可以发现，打字时被别人看着的人出现了更多的输入错误。

也就是说，当人处在一种被监视着的压力环境中，其表现容易变差，失误会增多。为了"防止下属偷懒"而下功夫监视别人的上司，岂止是无法给公司带来效益，说他们在做一些本末倒置的事情也不过分。但这并不是上司一个人的问题，它更是一种深层次的"公司特性"问题。

有时即便是为避免空间过于密闭而开窗通风之类的事，也会招致上司"文件都被吹飞了，快关上！"的责备。精神层面出现问题的职员在与上司就部门间转岗进行谈话时，也会被"你不知道我们部门里正缺人手吗？"这样的理由回绝掉。无论下属如何诉说工作的辛苦，上司也只会断然回绝道："我当年就是这么过来的，你自己想办法克服一下吧。"这样的上司不在少数。

培养出如此领导的，正是鼓吹毅力论和精神论的"恶劣公司风气"。有着这种风气的公司十分缺乏灵活性与机动性，不会为职员改善公司环境，也不会为创造更好的职场氛围接纳新事物。

说得好听些是保守、不能变通，而直白一点讲的话，这种企业就是所谓的"黑心企业"。

对你进行过度监视的公司和领导，已经成为逆时代方向而行的存在。若是你因为自己的一举一动都被监视而感到痛苦，那就可以考虑逃离这样的公司了。

> 要点
>
> 毅力论和精神论都是"恶劣的公司风气"

02 面对下属感到压力：并不是自己"不适合当领导"

对下属进行心理关怀是一大难题

前文主要介绍了"上司对下属的监视过于严密"这一内容，而如果你就是一个"上司"，面对下属时可能也会多多少少抱有一些压力。

有些人会担心自己是不是给下属制造了太大的压力，也有些人甚至在思考自己"会不会不适合当领导"。但是，我们并没有必要如此诘问自己。本来，"管理"这个问题就不存在最优解。当下，大家的内心都是充满担忧的。站在"领导"立场上的你也是一样。

要想弄清楚下属是否正经历痛苦，是否出现了心理问题，请首先注意以下几点。

下属的心理问题分三个阶段出现

人在经受压力时，一般来讲，心理问题会分为三个阶段出现。其症状如下文所示：

第1阶段：身体的变化。
头痛、耳鸣、心悸的症状越来越严重，身体开始出现各种各样的问题。
第2阶段：行为的变化。
迟到次数增多，工作失误增加，变得越来越不注重仪容仪表整洁等。
第3阶段：精神上的变化。
诉说担忧，烦躁易怒，总是情绪低落等。

如果他本人不向你诉说，在第1个阶段，你是很难发现异常的。在线上办公中能注意到的异常，也是第2个变化阶段及之后。如果发现下属的行为和往常相比有所不同，就有必要对其稍加留意。

然而，在线上办公时，相比于现场出勤，大概有很多公司的员工会自然而然在服装和妆容等方面变得"不拘小节"起来。这种情况下，上司有必要比以往更加精准地把握每个下属平时的"工作状态"。

平时都不怎么犯错的人工作失误率越来越高，一直以来十分积极地贡献好想法的人最近却发言不多了……诸如此类"与往常不同的行为"还需上司敏锐地进行捕捉。

为了精确把握下属们平日里的状态，建议领导安排15分钟左右的一对一聊天时间。在这段时间里，可以聊聊下属最近感到困扰的事情，想要去做的事情等，什么话题都好，重点是要倾听下属的发言。这样一来，即便下属之前觉得"因为这种事情占用上司的时间也太不好意思了"，而把一些事藏在心底，他们也可以利用聊天时间，更轻松地向别人发出求救信号。

> 请您确认。

> 工作失误变多了啊，可能有一些特别的原因……

请定期进行这样的聊天，如果作为上司的你认为在下属身上发生了"十分危险"的心理问题，还请与产业医生[1]这样的专业人员联络。

---

[1] 产业医生是从专业角度为工作场所从业人员的健康管理提供指导和建议的医生。日本《劳动安全卫生法》规定，在一定规模的工作场所中必须有相应数量的产业医生任职。——编者注

认识自己的"信念体系",缓和因下属而产生的烦躁情绪

就算是平时十分关爱下属的上司,也会在某些特定场合做出对下属发火的行为。在为此感到自责之前,请试着使用信念体系(Believe System)这种思维方法。

所谓信念体系,简单来说就是"在你心中最重要的价值标准"。它类似于某人自出生之后就一直保有的行为指南,作为原则存在,在人的整个人生中都不会改变。

打个比方,作为上司的你,具有如下的信念体系:

"我从小就认为,做什么事都不可以迟到。"

"一直以来都没有说过贬损他人的谎话。"

可是,这世界上总会有一些经常迟到,或者摆出一副什么都不清楚的表情,把自己犯的错推给别人的下属。人在面对那些违反了自己信念体系的人时,必定会感到愤怒。包括你在内,所有人生而如此,这是没有办法的事情。

但是,即便下属的行为不符合你的价值标准,也切勿不由分说地斥责下属。

因为,每个人的信念体系都不一样,我们并不能断言"某种价值观是好的"和"某种价值观是坏的"。

当恼火的时候,请俯视一下自己,试着默念"现在,不要动用自己的信念体系"。然后就能够采取下文所述的行动了。

第1步　第2步　**第3步**　第4步　第5步

· 面对总是迟到的下属,考虑"他会不会是出现了心理方面的问题",并向其询问详情。

· 面对把错误推给后辈的下属,考虑到"虽然推卸责任不好,但也有可能是因为他跟这个后辈关系比较差",并就此事分别询问他们。

即使从表面上看,他们的言行违反了"在社会上打拼的规矩",但实际上,下属们也可能有一些你不知道的原因和理由。

你自己的信念体系对你而言是如人生的准绳一般,极其重要的价值标准。你不需要忽视它,或者是改变它。但是,看清自己烦躁发怒的原因,是作为上司必备的技能。

与其在一开始就试图改变对方,不如先后退一步,通过摸透自己,减少自己情绪波动的风险。

工作场所里漫不经心的闲聊、酒会上的交流都在减少,最近相较于以前,我们更难听到"下属的肺腑之言"了。站在"上司"这一立场上的你,要抛弃"迄今为止"理所当然的观念,创造"从今以后"的管理模式。

曾经的做法可能已经行不通,但你努力创造更好的工作环境的样子,下属们一定会看在眼里,记在心里。

请试着实践一对一聊天、掌握信念体系等各种各样的方法,激发下属们的积极性,培养出未来的新"上司"吧!

| 第1步 | 第2步 | **第3步** | 第4步 | 第5步 |

> 最近感觉怎样呀?

> 还不错!

要点
后退一步,通过摸透自己的情况来减少自己情绪的波动

第3步 情境研究之重新审视职场环境 | 77

03 不好意思先下班：是否先下班和有没有干劲无关

目标零加班的时代，"早归"的建议

即使自己的工作已经做完了，却觉得"领导都还在工作，所以自己也不好先下班回家"的人也许很多。

也有人认为周围的人都还在，自己不好先走一步。虽然想下班却下不成，这一行为背后可能存在着这样一种担忧："只有自己一个人先回去的话，会被当作没有工作动力的家伙。"本来，比上司早下班这件事应该是"好事"。应该表扬奖励那些修正近期的工作方法，减少了加班时间的人。创造出一个让下属不必加班也能搞定工作任务的环境也是上司的工作之一。下属们能够按时下班回家这件事，也是能使上司得到公司好评的一个亮点。这里要说明的是，早归不只是为了自己，对上司和公司方也是益处多多。拒绝加班！**按时下班的人才正是"工作上有干劲"的人**，如此考量才是顺应当今时代的。

对你自己而言，能够按时下班的话，就可以从容地用餐，也能拥有充足的休息时间来让第二天的工作表现变得更好。若是公司允许，利用闲暇时间做点副业赚钱也不错。每人每天只有24小时时间资产，并不会变多，而且这一资产也无法储蓄。进行毫无意义的"应付公事性加班"，就相当于浪费了一笔会在第二天自动清零的重要资产。即便如此也依然觉得难以下班的人，请自行将一周内的某一天设为"不加班日"，并在不经意间让周围的人知道"每周的这一天，我就先告辞啦"，如此一来，下班也就不会有心理负担了。线上工作时，客户方有时会不分时间地打电话过来。这种时候，可以在邮件署名中提前写好"工作时间为10：00~19：00"，这样就能减少工作时间以外的电话联络了。

要点

将"自己想怎样做"作为评价标准

04 线上会议状态差：3 个改善技巧

> 会不会被误解了呀？

没有必要在意他人是否觉得你不开心

通过电脑摄像头与对方见面或者一起开会，也能产生一种完全沉浸其中的感觉。然而，也有很多人无法适应这种新的会议形式。通过画面很难传达神情，房间的明亮程度、摄像头的性能、麦克风的灵敏度等问题，有时候会导致电子设备无法正确传达我们想表达的情绪。因此，有人会过度担心自己被他人误会。但是，如果太在意这些细节，工作方式会受到影响。通过摄像头进行线上会议时，只需稍稍下点功夫就能解决这类问题，完全不必苦恼。

我们应该注意的是自己的声音和表情。尤其是跟从来没见过的人进行网络会议时，比起线下见面交流，线上向对方传达的信息量会大幅减少。彼此之间并不知道对方是什么性格的人，我们可能会因为担心给对方留下坏印象而感到紧张。因此，即使是向对方传达细微的信息，我们也有必要重视起来，认真处理。

首先是声音，要记得用洪亮的声音说话。当你有意识地用比平时更高的音调发音时，就可以给对方一种充满活力的印象。其次是表情，重要的是要比平时更多地表达出感情。笑容要用心去展露，惊讶时要睁大眼睛，谈到负面的话题要皱紧眉头等，做出比较明显的反馈，更容易与对方产生情感上的共鸣。

有时根据时机、场合和谈话对象，可以一边发出惊讶的声音一边大幅度后仰身体，直到快消失在电脑画面中。做出如此反应的话，对方的紧张感也许就能烟消云散了。虽然躯体和手部动作可能无法展现在视频画面里，但是，稍微让身体动一动，利用一下纵深空间，这样的反馈大概是线上会议这样的限定条件下独有的有效方式。

将表情和动作结合起来，就可以使交流变得更加简单。并且，为了高效地向对方传达自己的表情和动作，有必要保证照明条件。如果你为了能向对方传达心意好不容易努力做到了声音洪亮、表情丰富、动作明显，结果却因为视频画面太暗，对方那边什么也没看见，就太可惜了。你不仅可以利用房间或者手机的灯光，因为今后可能也会用到，所以也可以考虑购买像台灯这种容易照亮面部的光源。

让别人更容易分辨出你发言的开头和结尾

还有一个有助于线上会议顺利进行的技巧，那就是"让别人更容易分清你何时开始发言，何时结束发言"。

隔着屏幕进行的对话，看起来是双向的，而当发言的时机撞车，两个人同时说话，就难以听清对方在讲些什么了。遇到这种情况，可以在发言前先举手示意，再像这样说："我可以说两句吗？"先暂时打断一下对方，自己再发言，对话就能顺畅进行了。不仅如此，当你要结束发言时，记得使用结束语："我说完了。"按照这样的规则进行会议，大家发言时就能更轻松，会议带来的压力感也能减轻很多。并且，我也建议大家在会议中使用"聊天功能"，它可能有着迄今为止的面对面线下会议都不曾有过的优点。

利用聊天功能，调动积极性

在多人参加的会议中，很多情况下不一定能轮得到自己发言。然而，如果利用聊天功能，保留一下提问和发言的文字记录，就能更有效地给人一种积极的印象。那些在线下面对面会议中有些畏缩、不敢发言的人，也能让别人觉得自己不太紧张。

只不过，使用聊天或线上留言板等功能时，遵守会议规则是很有必要的。

"为了避免干扰会议的正常进行，大家提出的问题将在会议后统一回答""把主要发言人和正在私聊的人分开"等，在以往的线下会议中没有过的考量、设计以及规则，现在都必须注意。为了让今后的线上会议变得更加简洁明了，我们应该去探索有助于会议顺利进行和线上交流的新方法、新功能。现在我们还处于黎明之时，可能会觉得万事开头难，但只要在各方面稍微多用一点心，应该能够在没有太多压力的状态下度过这一阶段。

夸张的表情

要点

稍微用点心，线上会议就会变得更加轻松愉悦

05 生活节奏变得混乱：不强行调整也可以

就再睡一小会……

其实不必早睡早起

线上办公的话，你能一觉睡到上班前。而且反正不用在意别人的眼光了，所以只要时间把握得恰到好处，理论上想工作到什么时候都没问题。但其结果就是，有些人的生活节奏会渐渐混乱，越来越难以重新开始。他们时常因想着"只要在线上会议开始前起床就行"而睡过了头，于是深感自我管理实在是一件难事。

如此一来，进入社会的普通人一般会觉得："看来不得不早睡早起，整顿生活节奏了。"但其实，我们没必要强迫自己做到早睡早起。

固定四个时间

精神医学领域,一般提倡人们将起床和吃饭的四个时间固定下来,这是自我管理的基础。

四个时间,也就是起床时间+三餐时间。

将这四个时间固定化,我们就可以做到在日常行动时保持时间观念。

以及,十分重要的一点是,请不要将入睡时间也固定下来。

千万不要觉得自己应该每天在同一个时间上床睡觉。

确定了入眠时间,被窝就成了失眠之地

比如说,当你想过上早睡生活时,你下定决心"每晚11点一定要睡觉"。这样的话,即使你不困,也会觉得应该在晚上11点上床。但因为你根本不困,所以再怎么躺在床上也是不可能睡着的。这样的事情一而再再而三地发生的话,你就会开始担心"今天还能睡着吗……",而更加感受不到困意。实际上,在睡眠这一问题上,人们应该像听见铃铛响声就流口水的巴甫洛夫的狗那样,形成进了被窝就睡觉的条件反射。

因此,我们不要强迫自己在固定时间睡觉,而是要在感到困意时上床去睡,这是最大的原则。并且,实现这一点的关键是"让起床的时间固定下来"。

请每天早上都在固定的时间准点起床,沐浴在冉冉升起的朝阳中。

从新一天的阳光射入你的眼睛开始算起,15个小时后,一种让你产生困意的,名为褪黑素的激素便开始分泌了。因此,我们理论上应该可以自然产生困意。

给正副交感神经一个切换时间

顺便一说,如果躺进被窝里20~30分钟也没有睡意,那就暂且下床吧。可以去喝点热牛奶,点燃熏香,等候困意到来。

类似的事,可以帮助你从工作中运行的"交感神经(兴奋状态)"切换到"副交感神经(休息状态)"。

虽然常常被人误解,但其实交感神经和副交感神经并不像电器的开关那样能够简单地进行切换。就像把锅从火炉上拿下来,它还会继续热一段时间一样,即使已经入夜,我们的神经系统也不能突然间切换到副交感神经。由于白天工作的影响,我们的大脑依然会处于紧张状态。因此,完成工作之后,我们明明感到十分疲劳,却还是难以产生困意。

尤其是在现代,我们几乎没有充足时间供正副交感神经进行切换。

我们可以利用下班回家在地铁车厢里的时间,做些看看书、看看手机这类的事情,如此便可慢慢唤醒副交感神经了。

如果连这样的时间都没有，你也可以主动地做些泡泡澡、读读书这样的，能帮助我们进入休息状态的行为。

← 早上 7 点起床

要点
积极地做一些让自己放松下来的事

第 3 步 情境研究之重新审视职场环境

06 提出自己的需求：并不是任性

好想……

你想不想……

先从提议开始

无论是谁，都多多少少会有这种感受：不得不配合整个公司的氛围，压抑自己的感情。想要在坚持自己的主张和保持组织内的一致性之间达成平衡，确实是一件很难的事。

正因如此，为了找到最佳的平衡点，不妨试试从提议开始。

在提议时，不要一味坚持表达自己的需求，而是要提出这样一种方案："如果这么做，对于公司也会有这样那样的好处，所以要不要试试看呢？"以此来传达自己的诉求。

当然，并不是说你的期望只要提出就一定能得到满足，遇到被拒绝的情况，你只能干脆利落地断掉念想。然而，我们也不需要过度压抑自己的想法，觉得"表达自己的诉求=任性妄为"。

重要的不是非是即否，而是针对对方的态度调整主张，与对方在互相妥协中达成共识。

即使最开始双方的分歧很大也没关系，若对方不愿意痛快回答，你可以这样说："那么先做一部分如何？""先试行一下怎么样？"将自己的希望修改到一个能够进行交涉的范围，一边为对方考虑，一边慢慢接近自己的目标，这不也是一种察言观色吗？

工作场所的冷热，意外成为一个根深蒂固的大问题

除此之外，还有个看似无足轻重，实际上很重要的问题，这就是"工作场所的冷热问题"。它可以称得上是"不能直抒胸臆就会让你十分郁闷"的代表性问题了。

不光男女对温度的感受本就不同,座位位置、空调位置、每个人的身体活动方式等都会影响温度感知。

因此,怕热的人觉得热,怕冷的人觉得冷,每一个人对冷热问题都有自己的正确答案,都有自己的主张,所以单单是发表一下"这屋子里可真热啊"的感想,都有可能让人觉得任性。

由此可见,有些时候"和人交涉一下"也是很重要的。比如这样说:"我这边空调直吹着有点儿冷啊,可不可以调整一下风吹的方向呢?"

而且,这个时候添加一些客观数据可以提升说服力。

若是要认真地跟对方交涉,可以用5点观测法,分别在房间四角和中央测温,再整理一下温度差数据。

虽然可以这么做,但对于感知冷和热,人与人之间终究是各不相同的。即便听取了所有人的意见,也无法找到一个最优解,这种事屡见不鲜。此时,最有效的办法是自由选座。不再采用给每个职员分配一个专用座位的方法，而是变为在整个楼层范围内，让员工在摆放着长桌和椅子的地方自由选择工位的形式。这样一来，无论是喜欢吹冷气的人还是喜欢靠近暖气的人，都能找到一个适合自己体感温度的地方。

在现在的企业文化中，这一点可能还很难做到，但作为解决工作场所冷热问题的治本之策，尝试提出建议可能也是个好办法。

> 要点
>
> 工作场所的冷热是个大问题

07 在家里就没干劲：不必强迫自己干劲满满

熟练运用"截止时间效应"

有时候我们无论如何也没办法斗志昂扬地工作，这时我们也许会感觉自己被一种"不拿出点干劲可不行"的焦躁感驱使着。

但是很遗憾，干劲这种东西，可不是想一想就拿得出来的。

正因如此，我们没有必要去考虑干劲的有无。不如说，这种事想了也没有意义。

归根究底，当你碰上"真正不得不做的事情"时，有没有干劲其实并没有什么关系，你总要去做的。

反过来讲，我们之所以没有动力去做事，会不会是因为还没有到截止日期近在眼前的时刻呢？

人类都拥有一种叫作"截止时间效应"的精神力量。谁都有过这样的经历：正因为有了截止日期的存在，才会努力奋战，也就自然而然地充满干劲了。

回想一下小学时期，你有没有过在暑假最后一天一口气赶完所有作业的经历？这正是"截止时间效应"的体现。"明天就是新学期开学的日子了"，正因为处于截止日期迫在眉睫的状态，我们才会像救火队员面对火场一般动力十足。

如果要使出"干劲"，不如逆向利用一下这个效果。

不要苦恼于"没有动力可不行"，而是要通过在行动上下功夫来推动自己前进。

利用计时器来激发干劲

运用"设置计时器"的方法，能有效打开干劲开关。例如，利用午休时间、预计完成一个任务的时间（大约60分钟）、上班时间等时间点，为自己设定截止时间。

此方法不仅适用于在公司上班时没干劲的人，对远程办公人士也十分适用。

去公司出勤时，末班地铁、休息时间之类，都是已经确定了的，因此以"必须在几点前完成"来激励自己是很容易的。而在家里办公的情况下，就没有这些截止期限了。因此,这时需要自设一个计时器,让自己意识到"要在这个时间前完成任务"。

而且,这个方法不仅对没有动力的人有效,工作过头的人们也可以试一下。

即使是那些感觉"自己做多少工作都没问题"的人,持续工作也会出现注意力下降的问题。因此,为了拥有更好的工作表现,也请这类人试着给自己设定一个计时器,有意识地让自己进行休整。

利用好人们的"时间贴现"习性

另外推荐大家使用的方法是利用"时间贴现"。所谓时间贴现,就是一种认为自己的得利会随着时间流逝而打折扣的思维方式。

有一个著名的实验很好地展现了这种方法的有效性。

在小孩子面前放一块棉花糖,对他说:"如果你能在15分钟内忍住不吃这块糖,我就会再奖励你一块。"随后,说话的大人离开了房间,15分钟后再回来查看。对多名儿童实行此实验后发现,有三分之二的孩子会忍不住把糖吃掉。即便知道只要忍耐15分钟就可以获得利益,但人这种生物,还是难以做到这一点。

因此,当我们没有干劲的时候,可以反向利用这种人类的习性。

工作中有需要去做的事情,而且做这些事对我们自己也有好处,我们却往往花了很长时间也完不成任务。不过，我们会对近在眼前的赞赏和奖励趋之若鹜。也就是说，给自己准备一些小小的奖赏，自然就能激励自己行动起来了。

可以像这样设置奖励："给电脑插上电源开机，就奖励自己一杯咖啡""搞定策划书就奖励自己吃一块甜点"。

这种方法不仅对觉得自己没有动力的人们有效，也适用于觉得去公司上班很痛苦的人。

若你星期一早上感觉行动十分吃力，不妨告诉自己，每个星期一早上都可以去吃公司旁边的豪华早餐，给自己设定诸如此类的小奖励，迈向工作地点的脚步就能稍微轻松些了。

上班前的奖励

要点

遇到辛苦的工作任务，就给自己设定一点小奖励

第 3 步 情境研究之重新审视职场环境

第1步 第2步 **第3步** 第4步 第5步

心理健康维护法③
4-2-6呼吸法

确认好自己的心理状态后,就要对其进行维护与保养了。此时的有效方法之一是"呼吸法"。近年来,在医学领域已经陆陆续续出现了相关证据证明其效果。该方法如下文所述:

①找一个没有他人打扰的安静场所躺卧。
②将注意力集中在呼吸上,保持此状态约1分钟。
③用4秒钟从鼻腔吸气,屏息2秒,而后用6秒钟从口腔缓缓吐气。
④保持此呼吸方式约10分钟,结束。

第4项的10分钟仅仅是估计值。习惯了这种呼吸方法,能够保持10分钟以上的话,延长这一时间也没有问题。
那么归根结底,这种呼吸法为什么会有效果呢?当你感到不安或焦虑,心中充满负面情绪的时候,你的呼吸一

定会紊乱。绝大多数情况下,你的呼吸会变得又快又浅。这时,通过呼吸向大脑供给的氧气量便不足了,我们也就难以摆脱这种不良状态。进行深且长的呼吸,可以促进大脑分泌名为5-羟色胺的激素。

5-羟色胺有"幸福激素"的美名。它与精神状况的安定有着深刻的联系。有真实案例表明,在实际的医疗现场,通过实践上述的呼吸法,患者甚至可以做到减少用药量。在一些案例中,日常服用抗焦虑类药物的人,通过实践此呼吸法,可以做到每周减少一次左右的药物服用。

理解度测试

☐ 只要稍稍用点心思,网络会议就能变得轻松愉快。

☐ 积极地去做能让自己放松下来的事情。

☐ 表达意见时,用提议的方式。

☐ 面对辛苦的任务,记得给自己设置奖励。

第4步

情境研究之重新审视你的工作

有时，我们找不到工作意义所在，也无法摆脱对未来的担忧。而且，因为长期过度劳动，保持工作动力本身就已经十分困难。面对这样的时刻，让我们重新审视工作与自己的关系吧！

01 感到没有意义："意义"真的必要吗

我们必须要找到工作意义吗

对于为何工作，有些人会不假思索地说出这样一句话："因为工作是有价值的。"你怎样看待这种人呢？有人可能会觉得，这样的人太帅了，很羡慕这样的人。同时，有些情况下，我们还可能由于找不出自己工作的价值而感到自卑。

但是，还请冷静下来，好好思考：工作真的需要有价值吗？

先说结论："意义"绝非必需品。本来我们人类要维系社会生活就不简单了，不如说，这件事实际上很困难。

因此，拥有一个住所，吃喝不发愁，能在温暖的床榻上安睡，能做到这几点就已经十分了不起了。请务必给能够过上这种生活的自己送上嘉奖。

无须多言，那些在工作中找到了人生的使命并向前迈进的人，那些怀抱着价值感不停努力工作的人，个个都是很出色的。可是，在这个世界上工作着的人们之中，这样的人大概只占极少数吧。

即便我们没有在自己的工作中找到意义，这也绝不能说明我们是失败的人。

请让心情变得更轻快一些，接纳正在努力奋战的自己。

不要勉强去追求那些自己不了解的东西

大家都能做自己真正想做的工作，这一点根本无法实现。

苦恼于"工作没有意义"的人当中，也有一部分其实"本就不怎么喜欢目前的这份工作"。

然而，请听下面一个问题：那么，对于你而言，有价值的工作是怎样的工作呢？有非常多的人在听完这个问题以后也只是陷入沉思，没法给出一个明确的答案。

明明连对自己而言"什么是有意义的"都答不上来，却还在追求"工作意义"，这种行为简直如同踏入了没有出口的迷宫一般。

不过，希望你不要误会，这并不是说你不好。这个世界上充斥着"一定要做一个在工作中找到意义的人""找到意义的人才潇洒"等印象，这些印象在你的眼前筑就了一个巨大的迷宫。

从另一个视角来看，我们也可以认为这种烦恼不是我们自身产生的烦恼，而是其他人强加给我们的烦恼。

那么，你会不会也觉得，孜孜不倦地认真做好眼前的工作，远比因这样含糊笼统的烦恼而闷闷不乐更有建设性呢？

为每天都能见到面的人送上微笑，给努力工作的自己以慰劳。即便在工作中没能找到价值、意义之类的东西，但能做到认真对待周围的人和自己，你也已经十分优秀了。

即使没有梦想和目标，也能过得不错

如果你目前的工作让你不得不做出很大的牺牲，并使你感到十分吃力，那么，也许把"换工作"这个选项纳入考虑也不错。

但若是仅仅因为"这份工作让自己觉得没有什么意义"这种理由就想着换工作的话，就不太建议这么做了。

人生，就是一连串意料之外的事情不断上演的过程。如果你觉得换一份工作就能找到工作意义，那么很遗憾，这种保证并不存在。

即便在目前的工作中找到了意义，部门调换、换岗、人员配置变动等，也是身为公司职员逃避不开的问题。突然要你做自己的专攻以外的工作，使你再度失去动力，这种事也是有可能发生的。即便拥有很高的目标或者梦想，也可能因为周围环境的问题以及各种障碍挡在眼前而无法实现，很多人正是因此慢慢变得身心俱疲的。在漫长的人生中，不如意的事情总是无可避免地层出不穷。但这也是很正常的事情。意义与价值也好，梦想与目标也好，这些都不是能强逼自己硬造出来的，即便没有，不也可以吗？

在日复一日的生活中，把精力集中于"眼前的事情"上，安心去做便好。希望你能试着意识到：今日也完成了工作任务、好好吃了饭、在被窝里能睡着的自己，就已经足够出色了。切忌被世界上的某人创造出来的"优秀职场人"的形象牵着鼻子走。

> 把精力集中在眼前的事情上！

要点

把精力集中于做好眼前之事

02 给周围的人添了麻烦：自己并不是累赘

人生也好工作也罢，"60分"就是合格了

在工作中犯了错误或者失败了，给周围的人造成了麻烦困扰时，有些人会担忧："我对于身边的大家来说，会不会是累赘呢……"

即便与其他人没有直接关联，只是没能达成自己设定好的目标，或者没能如想象中那样顺利完成工作任务，现实和自己心目中的理想状况出现了差距，人们也可能会心生烦恼。

越是事事追求完美的人，在遇到不顺的时候，失望、气馁和消沉之感越强烈。

然而，如果你总是拿不到100分就不满足，即使是90分也不能原谅自己，那么你的心理和身体早晚会变得疲惫不堪。

当然，为了在工作上做出成就，为了接近自己的理想而努力奋斗的人，是十分出色的。

但是，每个人的成长速度都不相同，擅长与不擅长的事情也不同。因此，请不要因为自己的工作进展不如同事顺利而自卑，也不要因为自己成长得比同事慢而失落。

"你就是你"，我们的合格线并不应该通过与他人比较得出，而是应该依照自己内心中存有的余力来设定。推荐大家达到"60分"即可。我们应该像这样思考：虽然距离理想状态的100分还有40分的差距，但在这40分内，失败了也没关系，不如意事常有，这是理所当然的。

比方说，我们可以试着分别设定100分的目标和60分的目标。

100分状态的目标设定：
· 业绩全国第一。
· 一年内升职为经理。
· 跳槽到头部企业、主板上市公司。
· 年收入增加50万❶日元。

---

❶ 约为25000元人民币。——编者注

60分状态的目标设定：

· 比起业绩，首先要以提升顾客满意度为目标。
· 认真做好新人培养工作，稳固团队基础。
· 跳槽到一个能够认真评价自己能力的企业。
· 重新评估每月生活费，增加储蓄金额。

如果不顾一切，永远以100分为目标的话会如何呢？极端情况下，你会习惯于过排挤同伴、猛烈抨击他人失误的日子。你的首要事项变成了即便伤害他人也要保证自己能够一直完美下去，这算得上是某种意义上的跑步者高潮，你会陷入这种状态中，即便身边人与你越来越疏远，你也可能完全意识不到。而如果你把合格线设定在60分，就能明白"失败也是理所当然的"。这样一来，即使目前没能顺利达成目标，你也能觉得"木已成舟，转换一下思路重新来过，下次继续努力吧"，从而让心灵保留一些余力。

面对周围人的失误，你也应该认识到"无论是谁都会发生这样的事"，从而宽容对待他人。

无论是谁都会在生活中给他人添麻烦

永远把"100分"作为目标的人，可能会因被周围的人当作"失败者"或"累赘"而非常痛苦。

但请你仔细想一想，你自己难道没有过弥补另一个人的失误，补全其不足之处的经历吗？

"自己犯错是绝不可原谅的"这条规则并不是其他人,而正是你自己强加在自己身上的。

对于怎样才算是拿到了100分这个问题,每个人都会有不同的答案。就算你再怎么努力尝试,你的100分对于别人而言也可能只是60分。

而反过来说,他人的100分,对你而言可能才算40分。我们其实都是有缺陷的人,正是因为这一点,大家才一边互相支持,一边互相"添麻烦",如此共存着。

为了保护好心灵的留白,使其不被涂满颜色,请务必认真看待"60分即是合格"的思维。

人嘛……

就是要互相支持的啦!

要点

人类就是一种在互相帮助、互相弥补的过程中共存的生物

03 挑战却未成功：失败并不可耻

"零失败"的人是不存在的

遇到失败时，我想无论是谁，都曾有过下面这些想法：

"我就是这样一个完蛋了的家伙啊。"

"我的失败真是让自己感到羞耻。"

但是，谁都曾经经历过或大或小的失败。100个人里就会有100个人在自己的人生中体会过失败的滋味，而且应该还不止一两次。即便是历史上那些闪耀着光芒的伟人，大多数也是从大量的失败中积累了经验，才在最后成功的。

失败也好，过错也罢，都不是你独有的经验。可是虽然如此，人们往往还是会因为仅仅一次失败而觉得"已经全完了""真丢人"，陷入郁郁寡欢的状态。

这是因为，判断一次失败是大是小的人，是我们自己。

请试着回忆一下，你是不是有过这样一种经历：自己想着"完了，失败了"，以至于捶胸顿足，抱着头懊恼不已，但在周围人看来却并没什么大不了的。工作上出现失误的时候，马上就会有前辈或上司跟进，迅速地帮你把局势稳定住。

你可能会觉得"搞出这么大的纰漏，这次非得下跪道歉不可了"，你的反思不可谓不深刻。不过，虽然你这么想，但实际上，职场里的其他人都把这种事当作"时有发生的小失误"。因此，我们完全没有必要因为有了失败，就把"自己的一切"都和"失败"画上等号，甚至从此畏缩不前，放弃挑战。

长久以来的努力积累下来的成果和周围人的信任，并不会因为一次失败而全都化为泡影。即便失败，也请安然处之。

将失败的经历"分解"开，做得好的部分仍值得关注

如果你觉得失败了的自己无论如何也无法获得原谅，那么请回顾一下这次失败，把"做得好的部分"与"做得不好的部分"分开来看。这里有一个技巧，就是要把最终失败之前的整个过程都复盘一遍。

・"因为压力而失败"时的分解案例:
①在争取重要客户的项目中获得演说机会。
②团队齐心协力,做了滴水不漏的准备。
③发表方案,结果落选→失败。

这里,无论你是将团队聚合在一起的管理人员,还是团队的某个成员,思考方式都是一样的。

"①在争取重要客户的项目中获得演说机会"这一条,是因为一直以来的业绩得到好评而获得的机会,所以可以划分为"做得好的部分"。

"②团队齐心协力,做了滴水不漏的准备"也是一样,大家一起向着同一个目标努力,这无疑也是"做得好的部分"之一。

这样看来,我们就能知道只有"③发表方案,结果落选→失败"这一条是"做得不好的部分"。但是,第③项之中包含着诸如与客户公司的匹配性、投缘程度,以及竞争对手公司的存在等许多复杂的要素。即便你和你的团队付出了100%的努力,也不能保证一定能拿下这份合同。而没能达成签约的目标,大家也肯定会感到灰心丧气,甚至有些情况下,团队成员还会感觉自己应该为此负责。可即便如此,那些"做得好的部分"也是无法动摇的事实。

仅仅关注失败,是无法找出"失败的本质"的。只有同时关注那些"做得好的部分",才能转换心情,认识到"已经拼尽全力去做了,但还是没能成功,这是没有办法的事情,还是重整旗鼓,继续前进吧"。

与其对着无法改变的结果不停地懊恼,不如看看有哪些"做得好的部分",在思维方式层面,后者难道不是远远比前者更健康吗?

不是失败了,而是直到中途都还是成功的

不畏惧失败的关键在于有高"自我认同感"

高自我认同感者的特征

☐ 性格乐观

☐ 知晓自己的弱点所在

☐ 能够以事情会失败为前提做事

☐ 能够向他人明确地传达自己的意见

☐ 做不到的时候能明确果断地说做不到

☐ 能够依靠别人

低自我认同感者的特征

- [ ] 觉得自己无论做什么都做不好
- [ ] 总怀疑周围人会讨厌自己
- [ ] 得到褒奖也不能直爽地表达喜悦
- [ ] 自尊心强,不愿让别人看到自己的弱点
- [ ] 不能信赖、依靠别人

自我认同感高的人,会很清楚自己的"弱点"。他们会认为失败也是理所当然的事情,能够理解并接纳"有弱点的自己"。他们在面对新事物时,可以意识到"失败了也没关系",因此能够果敢地发起挑战。然而,自我认同感低的人就不同了,他们无法具体地理解自己的弱点,处于一种"知道自己存在不足,但不清楚究竟是哪里不足"的状态。这种情况下,如果别人指出了他们的缺点,他们是无法大大方方接纳的。其原因就在于,他们觉得让别人指出自己都不知道的弱点是一件可怕的事情。结果,因为太过畏惧失败,在面对挑战的时候,他们变得畏首畏尾。若想提高自我认同感,首先就请试着去挑战新事物吧。

那些你一直觉得自己"做不到"的事情,可能只是因为你"还没有做过",实际上去做的话,可能大部分都能很顺利地做成。而就算失败,也能帮你看清自己的弱点,你会意识到"这种事情对我而言比较棘手""我容易出问

题的点在这儿"。通过不断积累"做得好的事情"和"做得不好的事情",你就能够加深对自己的理解,自我认同感也会逐渐提升。就算是从很小的事情开始也没关系,不要害怕失败,开始新的挑战吧!以下三步秘诀,可以帮你迎接挑战。

第一步是"认清"。为了清楚地认识你是如何评价自己的,请把你认为自己"不行"的地方写出来。重点是,要以第一人称来写。比如写下"我做什么事情都会失败"。

第二步是"接纳"。在上一步"认清"中写出来的内容前加上"我感觉"的表述。我们可以通过这种方式来挑战自己深信的念头,并对其未来的改善产生期待。

第三步是"许可"。认可新的希望,像是要为其加油鼓劲一般,说出"就算这样也好"并认可它。这样一来,就能和第一步组合成"失败了也没关系"。

> 要点
> 即便是小事,向其发起挑战也很重要

04 做不出成果：天生我材必有用

通过写"日记"来真切感受自己帮到了别人

如果你觉得"感觉不到自己在工作上做成了什么"，那么，不妨试着写一写"日记"吧。这种日记和通常所说的日记不同，但要点十分简单。只要在写的时候思考以下两点即可：

①回忆一下，今天见过面的人之中谁给你留下了印象。
②在其和自己有接触的事情上，以"那个人的视角"，写出对他而言"获益的事情"。

此日记并不是要你写出今天在你身上发生了什么、你有什么感受，重要的是以对方的视角叙述事情。只要抓住这一点即可，日记的内容无论是如何琐碎的事情都可以。比如，你在上司看上去很忙的时候帮他准备了材料，在日记里就可以这样写：

"会议一个接一个不说，我还得一直对应各种麻烦事，真撑不住了。但'你'在这时候帮我准备了资料。多亏了有'你'帮忙，我能去处理手头堆积的其他任务了。要不是有'你'在，今天我可做不到准点回家啊。"

怎么样？如此这般，站在别人的视角叙述，你就能真切感受到自己帮到别人了。

又比方说，你和因为工作上的事情烦闷不乐的后辈一起去吃午饭了。

"我工作一直不顺利，眼看就要陷入僵局了，多亏和前辈'您'一起吃午饭的时候闲聊了一下，我才恢复了精神，今天下午我也会昂首向前，加倍努力的！"

你并不是没有做出什么成果。只是这些成果你自己很难发现罢了。这样写日记，可以帮你体验到帮助他人的感觉，提高你的"自我效能感"。

要点

利用日记来提升"自我效能感"

05 在和周围人的比较中感到焦虑 自我投资真的有必要吗

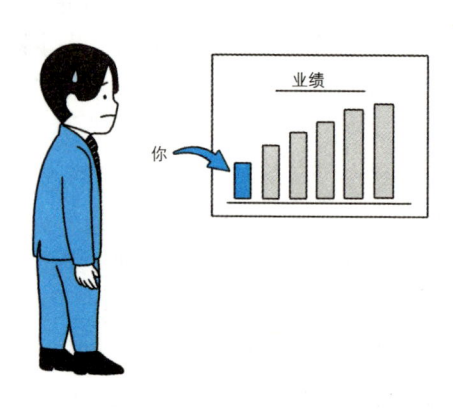

真的有必要为了"更好的人生"而进行"自我投资"吗

一边工作,一边自学资格考试或者语言类考试,又或者为了扩展人脉关系参加研讨会或"晨间活动"等,你身边也许也存在着如此勤于"自我投资"的人。看着这种人,如果你心中产生了"和那个人一比,我简直什么都没做啊"的念头,从而情绪低落,那么请先稍等一下。我们没有必要受到那种人的影响,强迫自己开始自我投资。我们会有诸如"为了未来投资自己,这样的事情是最棒的"之类的印象,是因为这根本就是一些人擅自拟制出来的。当然,出于必要而自发开始自我投资的人确实是优秀的。

但问题在于,一些人只是因为"周围的大家都在做",就不管不顾地开始进行自我投资。换言之,他们被卷入了名为"自我投资即是正义"的"群体压力"中。

即便是那些在你看来熠熠生辉的人,也有可能正在因"其实想多存点钱""想一回家就悠然自得地开始看电视""因为不擅长和初次见面的人说话,所以十分疲惫"等事情而闷闷不乐。

经验值不靠"自我投资"也能自然而然地积累起来

不进行自我投资,会不会就无法得到特殊的经验了呢?先说结论,这种事是绝无可能的。

你的经验值,是从日复一日的工作以及生活中发生的一桩桩一件件事情中不断积累起来的。而且,今天对你而言,正是"经验值最高的一天"。和周围人并没有关系,这是只属于你自己的、不可动摇的"成长"脚步。

你是能够自主成长的,因此,为那些没有让你感到"绝对有必要"的内容,搭上自己的钱财、时间以及精力,进行所谓的自我投资,难道不也是一种浪费吗?更不用说你还会因此苦恼不堪了。在社会中生活的人,会倾向于在意周围的人如何看待自己。然而,所谓的自我投资就让那些觉得"这样会让自己心情舒畅"的人去做吧,无须强迫你自己。

第1步　第2步　第3步　**第4步**　第5步

不要在意旁人的目光！专属于自己的评价标准才是重要的

认为"不自我投资可不行"的人之所以会这样想，和他们希望得到他人认可的"认可欲求"也有着密不可分的关系。

然而，这种希望别人对自己共情，希望得到别人肯定的"认可欲求"过于强烈的话，人们就会开始在人际关系中计较得失了。如果认可欲求过高的人被别人视为"没有价值的人"，他们会如何反应呢？这种时候，他们的心里大概会不可避免地充满负面情绪。得到认同的渴望过于强烈，也是让人际关系产生裂痕的原因之一。

为了避免发生这样的事情，我们必须学会妥善处理自己的"认可欲求"。为了使其得到控制，我们可以试着在脑海中画一幅名为"我喜欢这样的人"的人物画像。

・工作上井井有条，同时也对个人爱好倾注了极大热情的人。

・十分稳重，没什么积极性，但在细节上不忘关心别人的人。

・经济状况良好，无论对谁都大大方方的，常请客的人。

・稍微有些大大咧咧，但一直开开心心，能让周围的气氛快活起来的人。

你可以回想一下那些让你尊敬的人或者相处起来能让你感到心情愉快的人,这样就更容易画出那幅画了。

"我喜欢这样的人"这一具象化的人物画像,正是那个能作为做人原则存在的,你的"专属评价标准"。即使别人不理解,问你"啊?你怎么会喜欢那样的家伙?"也没关系,无须介意。每个人本就都有属于自己、各不相同的评价标准。别人无权干涉你喜欢什么样的人。我们在生活中会与形形色色的人产生关联,有时会十分想和他人比较,或是想得到他人的肯定,这也都是正常现象。但是,别人的评价不应该是第一位的,相反"我想成为这样的人""这样的人才优秀",这种专属于你的评价标准才应该成为你行动指南的根基,这一点千万不要忘记。

要点

把身边自己喜欢的人作为自我评价的标准

06 身体状态差：不休息的话反而会带来麻烦

> 你还是休息一下吧……

心理疲劳难以"早发现"，切勿觉得"这点小事没关系"

大概有很多人即便早上起来觉得"今天身体有点不舒服"，也还是强行鞭策着自己，坚持去公司上班。肯定有不少人觉得，这点小病还不至于休假，上会儿班就好了。

但是，疾病的早期发现是非常重要的。其原因就在于，在那小小的不舒服背后，也可能隐藏着很重大的疾病。

在这之中，由于"内心的疲惫"而产生的身体不适，往往特别容易被我们忽略。因为，在现在这个时代，虽说我们已经可以通过网络轻而易举地获取有关于心理健康的知识，但是，对于去精神科或者心理科就诊，我们还是有很大的心理障碍。

明明内心已经开始发出哀号，却对这种情况视而不见，继续强迫自己努力，可能会使你的人生遭受超乎想象的损害。因此，倾听身体发出的求救信号，这一行为对你的人生而言，是十分重要的。

本书第1步第5节中也有提到过相关内容。请回过头去，重新认知因心理疲惫而出现的"身体的求救信号"究竟有哪些吧！

周围人的看法、对待工作的责任感等，放弃休息的理由每个人都有，且各不相同。然而，你在身体状态欠佳的时候，和平常简直是判若两人，你的工作表现会出现巨大的下滑。因此，你的首要任务是让身体痊愈，恢复到正常时的状态，如此你才能给周围人带来贡献，才能真正做到履行工作责任。

即便如此，依然觉得休假会产生压力的人们，请牢记下面这句话：

"能给自己做替补的人要多少有多少，所以快点逃离吧。"

和你有关联的工作任务，和其他人也一样有关联。他们之中一定会有比你更优秀的人才存在。在发生状况时，只要你能意识到，实际上他们早已备有足以解决问题的余量，心中就多多少少能轻松一些。

当然,这绝非是在建议你不负责任地把工作随便推给别人。

当自己不能出色发挥能力的时候,在有些情况下完全可以依靠朋友和同事们。

首先,把"绝对不能休假"这种执念彻底抛弃吧。毕竟谁都遇到过身体状态糟糕的情况,没必要让自己受罪恶感的折磨。

比起因为你休假而使项目陷入停滞,你自己的身心都垮掉会给你的团队带来更大的麻烦。

不要想着"这样会不会给周围的人添麻烦",而是要抱着"大家都有遇到困难的时候"的心态,必要的时候就去休息,这是很重要的。

能察觉到你的心灵和身体发出的求救信号的人只有你自己。在本书第1步第5节中可以找到"三大症状"的相关内容,当出现这些症状的苗头时,不管手头有什么事都请暂且放一放,无论如何也要把"让自己得到休息"放在第一位去考量。

明明身体不适却"坚决不休息",这对大家而言反而很麻烦

看到这里依然觉得"我可不能休假不上班"的人,我想,一定是不想给周围人添麻烦的、做事认真努力的好人。但是,身体不适的你,工作表现也会变差。大概周围的人也会担心

你："他看上去身体状况很糟糕啊，真的不要紧吗？"可实际上他们本来是不需要如此担忧的。没错，身体不适还坚持工作的你，最后反而给大家添了麻烦。想想看，即使你休假了，难道明天你的公司就会因此彻底崩溃吗？这种事肯定不可能吧！不管是谁休假了，工作总归还是可以继续进行下去的。

有太多人一直忽视内心发出的哀鸣，忽视身体发出的求救信号，以至于最终遭受了足以改变人生轨迹的重大伤害。千万不要再想着"我没关系的"，如果你已经发现了三大症状中的任何一个的苗头，请立即认真休息，在休假的这段时间，工作的事情就请周围人帮忙吧。因为，只有你能够恢复健康，"满血归来"，下次有人陷入同样的困境时，你才有办法以同样的方式帮助他们。

> 现在就先好好养病。

要点

你休一天假，公司是不会崩溃的

07 看不见未来的路：明天也可以随意一些

未来的事情谁也不会知道，所以，不去想也没关系

在这个高速变化着的现代社会中，"今后会变成什么样"这个问题的答案，是无法轻易看清的。在这样的环境之中，不安的氛围也许会不可避免地膨胀。但即便如此，还是希望各位记住一个重要的事情，那就是"未来会如何，谁也不知道"。即便你对这种谁也不知道的事情感到无比担忧，但不可知就是不可知的，这一结果并不因担忧而改变。那么既然如此，在对"今后会变成什么样子"这个问题感到不安的时候，我们应该做些什么才好呢？

答案其实很简单。那就是：把精力集中于"过好今天"

这件事。想想看，在之前的时代，个人电脑和智能手机都未普及，对于那个年代的工作者们而言，不用直接与别人会面，只通过电话和邮件就能工作这种事，大概根本就是天方夜谭。在他们看来，连视频会议这种东西，应该也只是世界各国的大人物们才能享用到的特殊技术。

当时代和环境变化了，人也能自然而然地改变自己继续生活，我们就是这样一种生物。你也不例外，你也能够适应未来的形态，自然而然地灵活变化。

因此，我们不需要因为太想创造一个有意义的未来，让自己产生毫无必要的担忧。暂且忍耐，应付过去不也可以吗？因为，只要集中精力做好眼前事，过好今天，未来也就自动到来了。今天也好，明天也好，后天也好，暂且以应付的方式平平安安地度过就好了。

将你所担忧的点一个接一个地可视化，内心也就更轻松了

在这个剧烈变化着的现代社会中，一年前的事物也会让人觉得仿佛是来自很久远的过去。我们身边的那些物件、设备，也在日新月异地进化着，似乎有很多人因为要跟紧这些物件更新换代的步伐而十分焦虑。

然而，还请思考一下。即便没有平板电脑，你也能够搞定日程安排，甚至靠手表都足以起到相应效果。重点在于达成目标。

即便不去强求自己适应变化，我们也能从高龄人士渐渐适应使用智能手机这件事中明白，一些事物流行起来之后，我们会自然而然地适应它们。

因此，在你还有其他选择的时候，即便不去迎合潮流也没关系。你的精力应该花在最大程度实现自己的目标上。

如果过于在意那个不知会变成什么样的未来，不安感就会迅速累积起来。与其如此，不如集中精力，一天一天地过眼下的日子。如此生活，即便可能会有些应付公事的感觉，不过能有效消除那种对未来的担忧。

虽说仅仅集中于"目前"是最轻松的，但如果一味地关注眼前的事情也会显得有些过于应付，因此，让我们暂且把精力集中于"今天一天"。把今天过好了，明天就可以稍微随意一些。

当你发现自己即便如此也无法摆脱不安的时候，请把让你产生不安感的源头"可视化"。这种"可视化"处理有如下三个步骤。

步骤1：尝试写出所有现在自己心中担忧的事情。
步骤2：将应该做的事情按优先度排序。
步骤3：思考一下，为了将它们依次完成，自己需要怎样做。

就算你发现自己写出来一大堆"现在担忧的事情"，也不必惊慌失措。因为，你没有必要同时处理所有问题。

通过按照优先度排序，并一个接一个地整理出现在自己能做的事情，你对工作任务的不安感就能一点一点地减轻了。

按优先顺序排列，然后一个接一个处理！

处理事项清单
1.
2.
3.
4.

要点

排列出优先顺序，再逐个解决

08 难以坚持自我：无须纠结"是否会伤害别人"

那个……

坚持主见并不会"伤害到对方"

在和朋友对话时，在工作会议或者磋商中，有时我们会觉得"自己不同意对方说的"。可是，谈话却朝着与自己想法不一致的方向一路进行下去了。这种时候，你能够做到向别人清晰地传达"我是这样想的"这种意见吗？

也许你会认为，自己若是发表了不同意见，可能会伤害到谁，或者可能会破坏对话现场的氛围。最后，你可能就会把想说出口的言辞吞回肚子里去。

但是，你在心中觉得"我没法同意"的时候，也并不是想要直接否定谁的人格吧。

比如说，某个工作磋商会中讨论了A和B两种不同方案，有很多声音表示支持新颖且华丽的A方案，传统且沉稳的B方案则没多少人气。然而，你却对此持有不同看法，你认为这一设计方案的目标客户群主要是老年用户，不仅如此，你还事先分析了获得竞争对手公司好评的设计案例，在此基础上，你认为B方案绝对是更好的。此时，你希望传递给大家的想法应该是这样的："我认为B方案比A方案更好，原因如下……"这岂止是没有伤害到任何人，你提出的反对意见甚至可能关系到公司的重大利益！

再来想象一下你和朋友对话的场景。你在和一群关系很好的人交流的时候，大家谈论起"暑期休假的时候一起去国外旅游"的话题。你此时正为了工作中需要用到的资格证书考试而努力学习，还想攒攒钱。而对此毫不知情的好友们已经开始热烈讨论起"去哪里""什么时候出发"了。

此时你想要表达的内容是"我有些事情要做所以去不了，你们先去吧"。这其实也并不是在否定谁。你的朋友们也许会感到有点落寞，但如果和他们讲清情况的话，他们应该也会为你加油鼓劲的。

容易感到心累的人，有很多都是十分认真负责又体贴善良的好人。他们太想照顾周围人的感受，才会彻底将自己的心声憋在心底。可是，如果总是顺着别人的意思当"好好先生"，最后就可能会后悔，觉得"其实我本来是想那样做的"，甚至也可能会对那些拍板定案的人生出责备之意。这种情绪是我们要尽可能避免的。主张和对方不同的意见，以及对别人说"不",并不是任性的表现,也不是在否定对方。

一开始可能需要一定的勇气,但还请试着一点一点地说出自己的想法。

人们本就有着各不相同的想法和意见。就如同你平时认真倾听他人的意见那样,你的意见也会得到其他人的认真倾听。

你为什么害怕表达意见?要采用"元认知"方法注意自己的思维习惯

"我表达了意见,对方会不会讨厌我?"有时候我们会像这样想得太多。这其实是一种"思维习惯"。你会觉得只要自己发言了那肯定会变得冷场,会让人觉得自己是个不识趣的家伙,等等。这或许是因为你还在被过去的失败经历纠缠着。

要让自己不畏惧失败,其中一种方法是提高自我认同感,不过,人的"思维习惯"往往是从幼年时期开始,经历了漫长时光的不断培育慢慢形成的。因此,你不必急着从现在开始提高自己的自我认同感。首先,让我们从试着认识自己的"思维习惯"开始。在这里我们会用到"元认知"(参见本书第2步第1节)的方法。这里说的"元认知",是指你要如同空中的飞鸟一般,站在客观的视角,俯视你自己和你周围的人。越是在陷入负面情绪的时候,越是要记得使用元认知方法俯瞰自己和周围的关联性。如此尝试后,你应该就会发现，原来在你眼中非常大的困扰，实际上也不过是你的"思维习惯"使你产生了这样的感觉。在利用元认知时，重要的是你只需要注意到自己的思维习惯即可，不需要想着去改正这样的习惯。要掌握自己在什么时候会感到不安，什么时候会变得消极，并将之原原本本地接纳。有关思维习惯的数据积累到一定程度以后，你就能更深入地理解那个"害怕坚持己见"的自己，向其他人表达自己意见时的不安感也会慢慢地消退。

要点

了解自己什么时候会感到不安，并将其安然接纳

第 4 步　情境研究之重新审视你的工作 | 131

09 自己的失误让对方恼火：不能急着转换心情

要知道心情低落正是"努力过的证明"

犯了错误导致客户或者上司大发雷霆，我想不管是谁都会因此心情低落的。

"我真是个没用的人啊。"

"反正我就是这样了，什么都做不好。"

也许有人会像这样，无比自责，陷入严重的自我厌恶之中。即便想要转换心情向前看，继续着手工作，也无法顺利进行下去。这种时候，就算不急着转换心情也可以。虽然这种话说出来容易让人责难："难道就没有消除痛苦情绪的办法了吗？"但遗憾的是，你犯的错误已经成为无法改变的事实。我相信，如果你给某人添了麻烦，感到情绪低落也是理所当然的。不如说，反倒是那些感觉不到情绪低落的人才有问题。

请想象一下，你自己辛辛苦苦制作了一份资料，却被后辈小A不小心删除了。虽然他不是故意的，但是再重新制作一份也要花费相当长的时间。

此时，假如小A显得十分沮丧，看上去也在反省，你可能就会勉强先压住怒火，"没事，再做一份就好啦"这种话也能对他说出口了。但是，若小A压根就没有反省，只是一个劲地傻笑，你又会怎样呢？说不定你会彻底暴怒，冲他吼道："做这份材料花了这么多时间，你小子统统赔给我！"所以说，情绪低沉对人类而言并不是一件错事。不如说，因为出了失误而感到情绪低落，恰恰是一个人工作态度端正的证明。

像是扔垃圾的时候扔歪了没扔进垃圾桶里，倒洗发水替换装的时候不小心弄洒了，在这种微不足道的小事情上，即便失败了人们也根本不会那么失落。

正因为干劲充足，却没能恰当处理工作任务，你才会感到失落。所以，请先认可如此努力的自己吧。

情绪低落的时长要控制在一星期左右

上文说"不必强迫自己转换心情"，自然有人会问："那么，具体情绪低落多久算是正常的呢？"

虽然每个人的情绪低落方式都有差别，不能一概而论，但可以说，低落一个星期左右的时间是没问题的。

为什么是大约一个星期呢？因为如果情绪低落持续的时

间在两个星期以上，就要怀疑是不是出现抑郁症的症状了。当然，这不是要你"保持情绪低落和自我反省状态一个星期"，假如你晚上睡一觉就能够转换心情，就不要让情绪低落状态再持续下去了。

在此希望向大家介绍的要点是，"因为急于转换心情而焦躁，这件事本身对于正处于沮丧情绪中的你而言并不是什么好事"。还请各位放平心态，不要焦躁，耐心等待，因为你的心情是会自然而然地随着时间好转的。

"成功的途中"必然会遇到失败

在注意不要急于让自己转换心情的同时，按照下面这种方式去思考也是不错的选择。

"迈向成功的路途上必然会失败或犯错。"

这句话并不是什么特别的格言。

请你回顾一下自己迄今为止的人生，在到达成功终点的路途上，你是否遇到过很多失败呢？

小时候，你一定摔过无数次跤，一定无数次把食物弄撒，但也正是由于你积累了这样的失败经验，现在才能做到走路时不会摔倒在地，吃饭时也不会把饭弄撒。

还是职场新人的时候，连互换名片这种事都会感到紧张不安，连打印机有几台都搞不清楚，甚至就是电话也不能大大方方地打而被别人责怪的人，过了一段时间之后也能够成长为一个在商务谈判中独当一面，甚至谈成生意，拿着客户签好的合同凯旋的人。

犯错、失败,并因此感到失落沮丧,这些都是我们成长必需的经验值。通往成功的路途中,一定会多多少少有失败和错误等待着我们,所以,请不要再对自己进行超过必要的责备了。

> 要点
>
> 失败和犯错都会成为成长所需的经验值

10 无穷无尽的待办事项：事情不一定非要"今日毕"

对任务内容做取舍，"只"完成今日应该完成的工作

待办清单上的任务怎么也不见少，我们的心头涌上了焦虑和不安。此时我们瞟一眼钟表，不禁发出今天也要加班的叹息。在此情况下，又突然冒出非常规的工作任务。这种情况不时发生，我们可能就会对此感到惊恐不已。

遇到这种情况，请不要想着把所有任务都在今天搞定，让自己稍微喘口气吧。并且，接下来请集中精力去做那些"无论如何也必须在今日完成的事情"。

例如，月末忙起来的时候，你的一日待办事项是这样的：

① 处理紧急投诉。
② 同明天与我方开磋商会的客户进行电话确认。
③ 整理汇总月末账单，交由领导决断。
④ 整理归纳昨日的会议记录，给相关人员传阅。
⑤ 为下周入职的新员工更新学习手册。
⑥ 与组内成员一起开月末总结会。

诚然，我们希望所有事项都干得漂漂亮亮的，这种心情可以理解。可是如果你发现"下班前是完不成了，今天肯定要加班了"，并因此感到头大，那么此时你只需要做一件事——抛弃掉那些"今天不做完也没关系"的事情。看看上面列出的内容就可以发现，第①②③项属于受今天、明天、月末等"时限"所迫的事项，是有时效性的，应将其分类为今天之内需要完成的事项。然而④⑤⑥，要么需要通知有关人员，要么需要别人协助，可以判断其是"不一定要在今天做完"的事情。若能对今天的任务做出取舍，使其条理清晰，即使一些事情正做到一半，还未完成，也可以干脆利索地将其看作"明天再做也可以"的事情，果断下班。

事情做到一半就停下，明天会更容易继续做下去

如果你对"今天的工作还没有做完"这件事感到恐慌，我这里有一个好消息要告诉你。研究表明，相较于把工作全部

完美地完成再下班，"做到一半"就停，反而更容易激发第二天的工作动力，让人们能更轻易开始第二天的工作。

这种现象叫作"蔡格尼克记忆效应"。

各位有没有过这样的经历呢？比方说，最近一个月内工作任务十分繁重，压得人透不过气来，在这期间你的神经高度紧张，每天一到公司就立刻油门全开地拼命工作。而一个月之后，这项任务平稳结束了，此时的你就算到了公司，也总觉得提不起精神来，整个人就像进入了悠闲模式。

我们的大脑会认为已经结束的事情"没有再记住的必要"，将之归类为可抛弃物。当然，我们的心情会因此感到舒畅，但也正因我们不再苦恼于"这件事情不做不行"，第二天才会陷入一种怎么也提不起劲头的状态。

"蔡格尼克记忆效应"表明，正是这种事情做到一半，还未终了的状态带给人的不快感，在第二天反而成了支持我们全力工作的动力源泉。

因此，看上去要拖到第二天才能完成的事情，就不要在今天做完，让它保持这种还未彻底完成的状态，这也能成为提高工作效率的一大策略。为大量的工作任务感到焦虑的人们，请一定要记得利用一下"蔡格尼克记忆效应"。

没有什么必须要做的任务值得你牺牲幸福去做

近年来，随着工作方式改革，越来越多的企业开始推行加班时间整顿政策。即便如此，因为巨大的工作量而感到身心俱疲，或者因为周末加班牺牲了陪伴家庭的时间的人也绝对不在少数。

有一点希望大家不要忘记，有些事情比处理完今天的待办事项更重要，那就是"自己的幸福"与"自己所爱的人的幸福"。这个世界上并不存在什么必须要做的事情，以至于你要牺牲掉上述两种幸福。

当你把工作和幸福放在天平上比较时，应该舍弃的绝非"幸福"。请将其放在第一位来考量，决定你到底要舍弃什么吧！

> 可以明天完成的，就明天再继续做吧！

要点

没有什么必须完成的任务值得你牺牲"幸福"去做

11 对职业适配度的担忧：无法爱上这份工作也无妨

即使无法爱上自己的工作，不断换岗位也没关系

有些人虽然每天都在努力工作，但还是苦于"对现在这份工作怎么也喜欢不起来""觉得自己不适合这份工作"。

支撑自己继续工作的动力，每个人都不同。有些人虽然工作辛苦，但工资还不错，所以能坚持努力下去，也有些人的工作虽然工资低，但可以给其他人带去快乐，所以也能继续做。

十个人里就会有十种不同的看待工作的价值观，但大多数人都憧憬成为那些可以坚定地说出"这就是我的天职"的人。的确，这样的人，遇到点小障碍根本不会当回事，在旁人看来，他们是怀抱强大的信念或使命感投入工作之中的。电视节目或者书刊上也会对那些将一个职业做到极致的人比作"劳动者们的标杆"，对他们大加赞赏。可实际上，也不是每个人都能遇到完美匹配自己的"天职"。不过，这并不是什么应该感到悲观的事情，我们也不该去咒骂自己的命运。

没有遇到自己的"天职"这件事，换一种说法就是我们仍有适配各种工作和获得成功的可能性。

即便是目前正在做的工作，你也有可能会觉得自己"不合适""喜欢不起来"，但假如你能够坚持做很多年，这份工作对你而言也足以称得上是"适合自己的工作"了。当然，本书并不打算劝你即使是强迫自己，也要继续坚持做这份工作。如果不得不牺牲的东西太多，每天都感觉心灵在被损耗的话，就应该好好考虑一下"辞掉现在的工作"这个选项了。

虽然有人会觉得"离职就是一种逃避"，但实际上难道不是恰恰相反的吗？转岗改行，正是因为想使自己置身于一种能够昂首向前，积极地投入工作的环境，是一种工作意愿的表达。转岗时工作环境会发生巨大的变化，这本身就是件十分消耗精力的事情。正因如此，我想，换工作次数多的人，其实正是工作意愿十分强烈，且十分积极向上的人。

要点

即使没有遇到自己的天职，你的价值也不会因此遭到贬低

12 没有好结果：一味全力以赴，反而效果不佳

不要总是以满分为目标，精疲力竭的根源就是太过全力以赴

有些人常常以完美为目标，不论如何都绝不敷衍了事。"一定要全力以赴""竭尽全力去做事"，这些观念虽然是公认的美德，但如果一直以满分为目标，最终你一定会耗尽能量、疲惫不堪。

职业棒球运动员中的投手也是如此，他们并不是每次比赛都会从头战斗到尾。相反，他们只是在最开始的阶段全力投球，中途就会由其他队员替换下场，一次比赛登场后，接下来的几天内都会休息。

即便是身体机能和意志力都十分强大的职业运动员，也会明确地区分开"全力"与"休息"的状态。若是每天都不停歇地坚持全力投球，会使疲劳感累积起来，甚至有

可能造成严重的伤病。

我们的生活也是如此。虽说能做到全力以赴是十分出色的，但这份努力并不一定会给你带来回报。即便你尽了全力，但中途遭遇挫折，进展不顺，甚至最后失败也都是十分常见的。

假如你每天都坚持全力生活，那么不管是身体上还是心理上都会变得疲惫不堪，并且很有可能在精神上遭受巨大压力，被逼入绝境。

这样想来，"永远全力以赴"，非但无法提高你的工作表现，甚至反倒会成为你工作表现变差的主要原因，这么说绝不是危言耸听。在此希望各位牢记"60分即合格"这一点。要在自己力所能及的范围内进行适当的努力，这样的思想准备，正是为了避免出现身心俱疲、无法振作的局面所制订的自我防卫策略。

该应付的时候就要应付。疲惫不堪、无法坚持的时候就该休息。只要不以成为完美无缺的人为目标，把"60分即合格"的观念记在心里，以"保持内心有余力"的状态去面对工作，总有一天你会得到自己期盼的结果。

在你的人生中有着许多"进展顺利之事"

在"不加倍努力可不行"这一想法背后，其实很可能是自己对自己抱有不满，觉得："明明我都这么努力了，为什么还是没法让事情顺利进行下去呢？"

> 即使努力了也做不好！

这种做不好事情的状态持续下去，会使我们死死盯着自己的缺点或失败经历不放，无法客观地看待事物，陷入"心理性视野狭窄"的状态。

遇到这种情况时，请用客观的眼光看待你自己和周围的人与事物。即便工作中没能做出成果，就能说明你的人生中全都是"没能做好的事"吗？肯定不是这样的吧！

·买到了最喜欢的歌手的演唱会门票。
·和好久不见的好友一起吃饭，聊得很开心。
·节假日去了游乐园，全家都喜气洋洋。
·超市搞限时抢购，以超优惠的价格买到了很喜欢吃的金枪鱼。

你大概会惊讶地发现，身边其实还是有非常多"进展顺利的事情"的。这些幸福的瞬间，绝非什么"无关紧要的小事"。相反，它们是让我们的人生丰富多彩起来的"无可替代的幸福"。为了让我们和我们所爱的人不至于没有余力去享受这些无可替代的幸福，请记得，正是在事情不顺的时候，才更应该将目光聚焦于那些"进展顺利的事情"。

从令你厌恶的人际关系中全力逃离出来

职场上会有各种各样的压力，常说的职场三大压力是指人际关系、工作量，以及工作内容。这三点中无论哪一个都会给很多人带去极大的烦恼。

尤其是人际关系，这是一个有时无论你自己多么拼命地"全力以赴"，却依然无法让状况得到改善的问题。硬是把难题抛给你的上司、不负责任的同事、做事懒散的后辈等，不管你自己再怎么努力，只要对方不做出改变，你的压力就不会减轻。

改变别人是一件非常困难的事情。因此，当你对某些人际关系感到疲惫时，可以自己主动同对方保持距离。

工作中也许很难做到彻底避免与某人接触，但我们可以做到：不要再想着"做点什么来对付他"。也就是说，我们要在自己心里彻底放弃这个人，不再去想他，在心理上与其保持距离。

你是因为要工作才到公司上班的，因此只是"适当地做完自己分内的事情"就已经足够了，在那些让你觉得"讨厌"的家伙身上花费宝贵的精力，难道不是一种浪费吗？珍惜这份精力，把它花在自己身上吧。

第1步　第2步　第3步　**第4步**　第5步

"努力"也是分挡位的,学会"换挡"以熟练驾驭"努力"这件事

本书向大家传达了这样一个观点:不要总以100分为目标,要以"60分即合格"为目标。实际上,与此思维方式类似,我也希望向各位传达另一个观点,那就是"努力也是分不同种类的"。

我们总是容易这样想:所谓"努力"就等于"以100分为目标"或"全力以赴"。但实际上,"努力"并不只有一种。只有根据不同情况分别采用不同程度的努力方式,才能让工作变得张弛有度,才能让"努力"变得高效起来。在此推荐大家根据不同情况分别采取以下6种不同的"努力"方式。

① 拼尽全力努力:

马力全开,全力以赴,以100分为目标。

② 比较努力:

以试一试的心态努力,不求获得满分。

③ 在自己力所能及的范围内努力:

给自己设定这样一个前提:如果遇到困难,就向其他人求助。

④ 适当地努力一下:

如非截止日期迫在眉睫,权且搁置问题,到时再做。

⑤ 有余力的时候再努力：
仅是没有其他事情的情况下可以做做看的程度。
⑥ 让别人来努力：
让自己以外的某人帮自己努力。

容易在精神上感到疲惫的人多是善良体贴且做事认真的人，因此，即使是在"有余力的时候再努力""让别人来努力"也没问题的情况下，他们也会自己把任务揽下来，将其变为自己"拼尽全力地努力"去做的事。

这类人正是需要依据不同情况分别使用上述6种不同的"努力"的人，请务必记住这种节约精力的方法。

> **要点**
> 依据情况分别采用6种不同的"努力"方式

心理健康维护法④

正念减压散步

对于一动不动的时候就无法静下心来的朋友，使用呼吸法可能有些困难。这样的人比较适合进行"正念减压散步"。其方法也非常简单：我们只需在走路的过程中，将思维集中于肌肤感受到的风、透过鞋底传来的脚踩地面的感觉等各类感官感受即可。只需要注意以下几点。

· 避免在诸如步行上下班之类的情况下，"顺便"做正念减压散步，因为此时你的意识会转向上班、目的地等事物。重要的是保证"为了散步而散步"。

· 遇到令人不快的噪音或者看到让你不舒服的景象时，你的内心会被扰乱，因此在这种时候应该停下并重新开始散步（需要在安全的地方站定，进行深呼吸后再次开始）。

· 每天散步15分钟左右。

因为要求参与者把精力集中于视觉或者听觉等特定的感觉，故此方法名为"正念减压散步"。当你的心中浮现出一些杂念时，这种方法更容易帮你集中于"现在发生的事情"，而且这种方式与呼吸法（参见"心理健康维护法③"）不同，我们不必保持安静和身体静止不动，所以其优点在于任何人都可以轻松实践。

感受赏心悦目的绿色、广阔的大海、婉转的鸟鸣、波涛拍岸的声音、泥土和海潮的气息等，在森林或大海等自然环境中洗涤自己的五感，同时将意识聚焦于自己的感官，可以得到很大的正面效果。即使你的身边没有这样的环境，只要在近处找一个大一点的公园，或者稍微到郊外走一走，也一定可以找到适合的地方。

理解度测试

☐ 把精力集中于"眼前之事"。

☐ 重要的是发起挑战,即便是向很小的事情发起挑战。

☐ 以身边自己喜欢的人为评价标准。

☐ 排列出优先顺序并逐一解决问题。

☐ 掌握"自己因何感到不安"并接纳它。

第5步

5个技巧让心灵变轻松

在这一步中,本书将向各位介绍能够让心理负担稍稍得到缓解的小技巧。在日常行为中使用这些小技巧,一定能帮你减轻心中的压力。

01 有意识地利用洗澡时间

悠闲地"泡个澡",就是一种简单的自我心理关怀法

学会了让自己的身体免受压力困扰的心理应对方法后,若能在自己的生活中再加入一些简单易行的自我心理关怀手段,一定会效果更佳。

在此向大家介绍一种效果很好的方法,今天就可以用起来,这种方法便是"泡澡"。在这个休息时间紧迫的现代社会,平常我们洗澡时,都是以淋浴的方式简单快速地洗一下就结束了,可能有很多人几乎不用浴缸。然而,入浴其实是解除心理和身体紧张、让我们进入放松状态的一种十分有效的"压力击退法"。

本书曾提到,人在"交感神经"处于优势时会进入活跃状态,而"副交感神经"占优势时则进入放松状态。

躺在被窝里却怎么也睡不着，多数是因为"交感神经"的"开关"还没有被关闭，入浴则是一种能让交感神经下班、副交感神经开始工作的简单易行的方式。可谓是给结束了一整天忙碌的自己充电的最合适方法。

若只是要去除污垢和没用的皮脂，达到清洁身体的目的，那么只淋浴也是没问题的，而为了放松进行洗澡则不同，其目的在于让自己泡入热水，使体温上升，改善全身的血液流通。

当血液流通得到改善时，身体中积攒的疲劳物质和二氧化碳就会被去除，新陈代谢也会得到提升。不仅如此，在浴缸内洗澡水浮力的作用下，身体会从重力中解放，因此，一整天辛苦工作造成的肩部与颈部肌肉僵硬紧绷也可以得到缓解，身体也能变得轻松。也有人为了促进排汗洗半身浴，但睡前洗澡的要点是让身体充分温暖起来。请记得让热水完全浸过肩部。

最有效的入浴方法是水温"41℃"，洗"10分钟"左右

热水温度宜保持在41℃左右。在这个温度的水中，有很多人会觉得舒服。当然人与人之间会有细微的差异，偏好的温度会有少许不同，因此只要是让自己感觉舒适的温度就没有问题。

不过，水温如果高于42℃，就会激活主导活跃的交感

第1步　第2步　第3步　第4步　**第5步**

神经，从而产生反效果。这一点请务必注意。

入浴时间控制在10分钟左右，最多请不要超过一刻钟。注意让自己身体的深部体温上升，悠然地浸泡在热水中。

平日没有泡澡习惯的人，可能会觉得"就算10分钟也够长了"，因此当你感到血气上涌，呼吸困难的时候，不要勉强硬撑，可以暂时从浴缸里出来，将整个泡澡过程分成数次，总计10分钟左右就可以了。进入浴缸后，身体的深部温度也会上升，如此一来，即便洗澡结束从浴室出来依然会感到暖乎乎的。甚至也有一些人可能会觉得"好热"。

然而，此时用电风扇或者空调制冷来让身体快速降温的话，会造成血管收缩，血压也会出现较大波动。

请记得出浴后用毛巾擦干身体，让身体保持温暖状态，安静地等待15分钟左右。

现在让我们再温习一下以放松为目的的洗澡方法：

①水温保持在约41℃（42℃以上的水温会产生反效果，故请注意）。

②浴缸中的水需要完全没过肩部。

③洗澡时间约10分钟（分3次共计10分钟也可以）。

④洗澡结束后静待15分钟（注意不要让身体迅速降温）。

当然，还请不要忘记在入浴前后补充水分。

顺道一说，若是好不容易洗过澡了，却在洗完后兴奋地玩游戏，或者熬夜看电视，那么洗澡就没有意义了。

泡澡后的90分钟内请就寝。"90分钟"这个数字也是有实际依据的。

泡澡之后，人体深部的温度会比平时高大约1℃，而研究表明，这高出来的1℃慢慢冷却，恢复平时的体温所需要的时长，正是90分钟。

上述深部体温慢慢下降的过程，会使人自然地进入睡眠。在就寝前的90分钟内，可以稍稍减弱照明，做一些诸如听自己喜欢的音乐、读读书之类的事情，将这90分钟作为"为深度睡眠作准备"的时间。

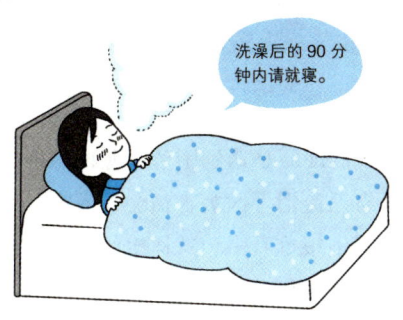

> 洗澡后的90分钟内请就寝。

要点

深部体温下降的过程会让我们自然入眠

02　流泪活动

想哭的时候千万不要忍，"流泪活动"好处多多

有时，我们即便是遇到困苦或悲伤的事情，也会咬牙忍耐，不让自己流泪。因为害怕会让周围的人担心，或是觉得在人前流泪很难看……这样想的瞬间，自我克制的念头就会起作用，想哭的心情也会被压抑下去。

然而，流泪这件事对于人的心理健康是很有益的。其原因在于，流泪能产生"宣泄效果（Catharsis Effect）"，直译就是有着"净化"的作用。大家一定有过这样的经历：看完令人感动的电影或者悲壮的戏剧，不禁扑簌簌流下了眼泪，这之后却不知为何感到心情舒畅了起来。

流泪这件事，能够刺激副交感神经，有着梳理调节植物神经系统的功效。因此，大哭一场可以让我们原本郁郁寡欢的内心变得爽朗，使我们整个人进入放松的状态。

可以通过在某人面前哭泣来发出求救信号

在家里独自一人看电影、电视剧后悄悄进行"流泪活动"是可以的，当然就算在别人面前哭泣也一样可以。

你爱的人或者亲近的好友在你面前流泪的时候，你会怎么做呢？恐怕你会担心他们，问他们："怎么了？发生什么事情了？"

对方大概会因为你的关心，而把使他们困苦或悲伤的事情对你和盘托出。你在听到这些肺腑之言后，应该也会开始思考自己能为他们做些什么。

你自己哭泣的时候也是如此。即便你陷入了怎么也无法摆脱的烦恼之中，也可以通过流泪来发出求救信号，说不定也会有谁因此对你伸出援手。

即使不能直接解决问题，通过让眼泪流出来，让烦恼得以倾诉，至少可以让自己获得一份舒畅的心情。"在别人面前一定不能哭""是个成年人的话就少哭哭啼啼的"，这种不知是谁强加在我们身上的所谓常识，请不要去在意。

强行忍住这些自然而然流出来的眼泪，对你的心理和身体都不是什么好事。至少在面对值得信赖的人时，请不要封印这些痛苦的心情。

"在这个人面前就哭得出来",这样的人要趁着精神满满的时候提前找好

可以向其展露自己眼泪的人,未必非得是经过长年相处的恋人、挚友或者家人这样和自己有关联的人。每天都在一起工作的同事、前辈,或者私下里经常见面的朋友等也是可以的。

只不过,在身心都已经疲惫不堪的状态下,与别人进行交流这件事本身就已经变得令人感觉十分麻烦。因此我建议大家"在这个人面前就能哭出来",这样的人要趁着自己还精力充沛的时候找到。

请不要再想"要是自己哭出来,会给别人添麻烦"之类的事情了。不如说,你在某个特定的人面前流泪这件事,正是极彻底进行自我表露的表现,会有让对方也对你敞开心扉的效果。

反过来说,如果有某个人在你面前泪流满面,就说明了对方对你敞开了心扉。此时请让这个人尽情地哭吧,直到他心情平复为止。

人类是无法永远保持坚强的,每个人都有很多弱点。但我想正是因为有这些弱点,我们才可以成为能够理解别人痛苦的、有魅力的人。

说哭泣者是"懦夫""胆小鬼"的人也不是没有,然

而，这种能够倾听自己心声并坦诚地流下眼泪的行为，不正是一个人拥有敏锐感受能力的证明吗？

明明小的时候谁都可以做到大声哭泣，长大后习惯了忍耐的成年人们，却不知何时开始对流泪这件事感到害怕了。能够坦率地流泪，这正是"强大"且"勇敢"的表现。鼓起勇气，不管何时，不管多少次，流泪吧！哭泣吧！尽情挥洒泪水吧！通过这样做，你的心情会变得畅快起来，你也就能够继续昂首向前了！

心情舒畅啦！

要点
不要忍住不哭，而是要让心情畅快，昂首向前

03 甜食乃压力之源

吃了甜食,血糖就会猛升猛降

直到这里为止,本书都在介绍具有放松效果的事物。那么现在,虽然显得有些唐突,但我想问各位一个问题。

甜食"对于恢复疲劳和减轻压力有积极作用",这种说法是真的吗?

虽然事实听上去会让人很受冲击,但答案是"不"。工作感到劳累了,就啃块巧克力、吃些糖果……不知不觉就想来点甜食,这种心情也能理解。然而,食用"甜食"摄取糖分后,可能反而会使疲劳加重,甚至使人产生压力。

其原因就在于"血糖值"。摄入糖分之后,你的血糖值会急剧上升，为了使其回落，胰脏必须要分泌名为胰岛素的物质，然而因为血糖值上升得实在是太过于剧烈，慌乱的胰脏根本搞不清到底要分泌多少胰岛素才好，其结果就是胰岛素分泌过量，出现血糖值一口气猛降下去的情况。

血糖值过度下降，会导致本应该运往大脑的糖类物质无法送达，头脑就会一下子变得昏昏沉沉，有时候甚至会出现意识不清等危急的情况。身体也会出现各种各样的症状，像心悸、手足发抖等。这种血糖值猛烈上升又猛烈下降的现象，会给身体带来巨大的负担。并不是说只有糖尿病这种长期顽疾的患者才应该注意血糖值。

即便是健康人，在食用甜食的时候也要十分注意。

吃了甜食之后可以去做些轻运动

即便了解了这些，大家也只是会觉得"那我之后稍微注意一下就好了吧"。感觉肚子空空，难以集中注意力于工作任务上的时候，吃些零食有时能让注意力恢复。把甜食作为零食食用的时候，要点是吃完马上去做一些轻运动。比如：

- 离开办公桌，上下楼梯走一走。
- 在原地稍微做些伸展运动。
- 打扫一下办公桌和茶水间的卫生。

就像这样稍微运动一下就可以了。重点是避免让身体一动不动，要让自己"动起来"。稍微进行一些轻运动，可以改善全身的血液流动，手脚等肢端的细小血管中也会有血液流过。如此将血流分散开来，以减少向肠胃流动的血液量，糖分的吸收过程也就能减缓了。如此一来，便可抑制血糖值的急速上升，从而使胰脏不过度分泌胰岛素，血糖值也就不会再急速下降了。

请谨记，"吃甜食"和"轻运动"必须搭配起来。

当你吃零食的时候请贯彻上述方法，不要给自己招来多余的疲劳和压力。

顺带一提，这种血糖值猛增猛减的现象被称作"血糖值飙升"，饭后血糖值高于140mg/dl的人群，很可能出现这种"飙升"。虽然平日里我们很少有机会测量饭后血糖值，但为了维护健康，还请记得每天坚持"将细微的留意积累起来"。

推荐用日光浴代替吃甜食

不是为了消除饥饿感，而是为了转换心情才拿起甜食吃的人，请试着去改正这个习惯。

刺激副交感神经能有效地给身体充电，而在诸如办公室之类交感神经会被激活的场所中，想要切换到副交感神经主导的状态是十分困难的。

第1步　第2步　第3步　第4步　**第5步**

　　这里向大家推荐的方法是：离开办公室轻松地散散步，或是搬到窗户边工作等，让自己晒晒日光。仅是这样做就足以让身体变暖和，让血液流动得到改善，也能起到放松的效果。

　　只要稍稍下点功夫，就可以为自己打造一副不易感到疲劳的身体。将已经融入日常生活的习惯一口气改掉可能并不容易，但哪怕只是一点点，只要开始改变就好。

> 天气真不错！

要点
只要稍稍下点功夫，就可以为自己打造出不易感到疲劳的身体

第 5 步　5 个技巧让心灵变轻松

04 不能小看的"香气"

医疗领域也在应用的"香气"——推荐的香型是哪种

休息时间待在家中,各位一般都是怎样度过的呢?

度过休闲时光的方法多种多样,如稍稍降低灯光亮度,听一些自己喜欢的音乐,或者欣赏一下收录了美丽风景的写真集,又或登录网站,和好友享受线上游戏的乐趣,等等。这其中,也有不少人会选择点燃熏香或者香氛蜡烛,用"香气"来自我疗愈。这种伴着香气的休闲时间,实际上十分适合消解压力。尤其是精油,在实际的医疗现场也能发挥降低不安感的镇静作用,因而在很多领域都得到了应用。

即使都统一被称为"精油",不同种类"精油"的香型、作用和效果也是各不相同的。这是一个十分深奥的领域，而精油中更是包括了放松效果显著的"薰衣草"香型。

薰衣草花外表也很美，其花朵呈现漂亮的蓝紫色，有"香草女王"的美称。多种研究表明，其华丽的芳香气息"具有抑制处于活跃状态的交感神经的功效"。

因此，度过了慌张忙乱的一天，却怎么也无法让交感神经从激活状态中切出的时候，或者今天推掉了重要的事，想要悠闲地睡上一觉的时候，就可以尝试使用一下薰衣草香型的精油。

注意不要直接倒进浴缸！畅享精油的正确方法

精油的另一大魅力在于其多样的使用方式。

选择精油的要点是，认准那些没有混入杂质的精油。对此不太了解的朋友，可以去精油专卖店咨询店员，或者在网购精油的时候，选择那些标有精油配料表的网站或商家下单。

精油大多数灌装在容量不大的小瓶子里，十分便于携带。但是，精油不能像香水那样直接与皮肤表面接触。若你希望在工作中也能享受香气，可以在手绢上滴几滴精油，使其晕染开，享受若隐若现的香氛效果。

另外，在同样有助于放松的"洗澡"过程中也可以灵活利用精油。不过，需要注意的是不能把精油当作普通的入浴剂直接滴入浴缸里。

"精油"，顾名思义，是一种"油"，无法溶于水，因此，若其附着在人体皮肤上，有些情况下会造成无法预料的麻烦。

因为我们只是希望享受"香气"，所以在洗脸池里灌入热水，再向其中滴入几滴精油，即可让香气在整个浴室中弥散开来。

虽然上文中介绍给大家的是有许多证据表明具有良好放松效果的"薰衣草"香型精油，但其实精油香型繁多，我们可以去专卖店现场闻一下，找出有着适合自己的功效和效果的款式亲自试试看。

"气味"与"情感"的密切关系是……

虽然说起来稍微有些复杂，但且先让我向大家介绍一下从大脑解剖学层面证实的"气味"和"大脑"的关系吧。

我们是用鼻子，更准确地说是用"嗅觉"来感受气味的。而实际上，支配嗅觉的是我们的"嗅神经"。这种神经横贯于我们大脑的正中心部位。

在这一"正中心部位"，同时集中着掌管记忆的海马体，掌管情感的杏仁核，等等。也就是说，气味、记忆、感情三大神经区域在我们的大脑中属于"邻居"，一直以来都紧密联系着。

打个比方,在街上散步时,突然传来一阵花香,这个时候,你会不会觉得"不知为何竟有些怀念之感"?

妈妈做的炖菜味、曾经喜欢的人的气味、外婆家的味道等,我们会通过香气想起过去的记忆,那时的感情也会复苏,这种经历相信谁都曾有过。反之,令人讨厌的领导身上的香水味、狠心将自己抛弃的前恋人用过的沐浴乳的味道等,也会勾起不好的回忆。

正因为气味和记忆、情感有着密切的关联,才要为了获得良好的效果和功能,"选择一款让自己感到舒服的香型"。

要点

香气和记忆有着很强的联系

05 舒展身体，减轻压力

不要勉强自己，不要焦虑急躁，随意一点就好！排练属于自己的工作方式

有一件事是比什么都重要的，那就是确保我们在日常生活中不积攒过多的紧张、不安、疲倦和压力。一旦觉得"有点吃力了"，就不要再勉强自己，而是要好好休息一下；一旦觉得"也许自己的负担太重了"，就请按"60分即合格"的标准适当地去努力吧。

不必向那些拼命到不顾一切的人看齐，而是要贯彻自己的节奏，在每天的生活中，与其把目光聚焦于那些让你感到艰难困苦的事情，不如去关注那些让你感到舒服快乐的事情。

工作做到一半就停下来，也会让你第二天的效率得到提升。按时结束工作，去看自己喜欢的电影，或者读读书，看看漫画，和让自己感到安心的好友一起去享受美味大餐，等等，让自己的身体得以充能休整吧！

虽然"工作"这件事不可避免地占据了我们人生中的大部分时间，可它并不等于人生的全部。即便是工作中遭遇不顺，它也不过只是你人生中的"一小部分"罢了。就算你认为自己的工作内容没有什么意义，也不要忘记你的工作一定能够对某人有所裨益，能让某人展露笑颜。

蝴蝶拥抱法——经证实具有疗愈效果的动作

在此，我想向每天坚持努力工作的你传授一种宝藏般的疗愈动作。

其名为"蝴蝶拥抱法"。

这一动作非常简单，保持坐姿即可完成，因此请一定记得尝试一下！

蝴蝶拥抱法：
①在脑海中描绘出目前你想要缓解的不安、担心之事以及烦恼。
②缓缓闭上双眼。
③右手抬起，自前方慢慢置于左肩上。
④左手以与右臂交叉之势，自前方慢慢置于右肩上。
⑤交替轻拍左右肩部，发出"啪、啪、啪、啪"的声音。

⑥拍打速度为每隔半秒一次,左右各拍一下为一组,一组共计一秒左右。如此有节奏地拍打左右肩,持续约两分钟。

怎样?只要以类似于抱紧自己的姿势连续交替轻拍肩部即可,是不是很简单呢?

此"蝴蝶拥抱法",实际上源于EMDR(Eye Movement Desensitization and Reprocessing,眼动脱敏与再加工),这是一种主要用于干预PTSD(Post-Traumatic Stress Disorder,创伤后应激障碍)的心理疗法。这一动作也是一种在精神疾病治疗领域有大量成功案例的动作。

构想出蝴蝶拥抱法的是墨西哥籍的阿尔提卡斯博士。在墨西哥飓风以及大地震灾害期间,阿尔提卡斯博士发明出这一方法用来减轻受灾群众的心理创伤。其具有良好的疗愈效果,一直广受关注。

一直以来,蝴蝶拥抱作为能够减轻不安感和担忧的动作,在需要进行心理关怀时得到了广泛应用。

"在会议上被要求发言,因为过于紧张而无法好好回答问题。"

"被迫和处不来的前辈一起跑外勤。"

"明天就要发表十分重要的演讲。"

诸如此类让人感到不安、紧张的事情在我们每天的工作中层出不穷。

蝴蝶拥抱法只需要简单的几个动作和少量的时间,就可以产生很好的效果,只要你记住了动作要领,就能够在短短的空闲内或者在去洗手间的休息时间轻松完成。而在远程办公时,即使是坐在办公桌前工作的时候也能毫无负担地去实践。

在心灵变得疲惫不堪之前,请采取多种手段来进行自我心理关怀,力求让自己得到良好的放松休息吧!

> 要点
> 采用轻松简单的动作进行心理疗愈

心理健康维护法⑤

4行日记

"要用呼吸法得一动不动,这我可做不到""没力气运动了啊",如果你属于上述人群,也没有关系,这里还有更简单方便的方法!请在每一天即将结束的时候像下面这样写日记吧!

①在纸上写下3条今天做过的得心应手的事情(每条一行)。
②在第4行写上对明天的祈愿。

在步骤1中,不需要写多么宏大的事情。打个比方,你可以写"按时起床了""中午之前把衣服洗好晾干了""悠闲地欣赏了满月美景"之类琐碎的事情。那些让自己得到赞扬的行为、给自己争取到愉悦的时光等,让你一想起来就觉得开心的事情,请写出3个。关键就在于"3个"这个数字。不是1个,也不是4个,只能是不多不

少3个。其理由是，如此一来就不会使每天的记录存在差异了。

如果某天你干劲十足地一口气写了10条，第二天却只写出2条，你心里就会产生将这两天的情况作对比的念头，你会觉得"昨天棒极了，可今天糟透了"。写日记是为了养成一种将目光投向自己的优点或做得好的事情上的习惯，从而使你不断积累小小的成功经验，修补自己受伤的心灵。为了保证这一点，"3"这个数字是不多不少，正正好好的。并且，在日记的最后，你可以通过给明天写下积极的留言这一方式，为自己加油助威。

理解度测试

☐ "深部体温"下降能让我们自然入眠。

☐ 想哭就哭,不要忍耐。

☐ 通过稍稍运动一下或晒晒日光浴来改善体质。

☐ 香气和记忆有很强的关联。

☐ 简单的动作有很大的作用。

参考书籍

[1] 井上智介.「人と話すのが疲れる」がなくなる　ストレス０の雑談[M].東京：SBクリエイティブ，2021.

[2] 井上智介.どうしようもなく仕事が「しんどい」あなたへ　ストレス社会で「考えなくていいこと」リスト[M].東京：KADOKAWA，2021.

[3] 井上智介.1万人超を救ったメンタル産業医の職場の「しんどい」がスーッと消え去る大全[M]. 東京：大和出版，2019.

[4] 井上智介.1万人超を救ったメンタル産業医の職場での「自己肯定感」がグーンと上がる大全[M]. 東京：大和出版，2020.

[5] 水島広子. 臨床家のための対人関係療法入門ガイド[M].東京：創元社，2009.

[6] 水島広子. 自分でできる対人関係療法[M]. 東京：創元社，2004.

术语索引

数字

41℃	153–154
4—2—6呼吸法	96
4行日记	172
5点观测法	90
5—羟色胺	97
6种不同的努力	147

B

巴甫洛夫的狗	85

C

蔡格尼克记忆效应	138
成功体验	39

D

待办事项	136, 139

E

EMDR	170

F

副交感神经	14, 86, 152–153, 157, 162

G

工作方式改革	3, 138
工作意义	99–102

H

合规	48
HSP	49–50
蝴蝶拥抱	169–171

J

计时器	93–94
交感神经	14–15, 86, 152–153, 162, 165
交流障碍	56
截止时间效应	92–93
精神科	7, 17, 120
精油	164–166
酒精骚扰	59

K

可视化	12–13, 22, 125–126

L

冷热问题	89–91
聊天软件	68
流泪活动	156–157

P

屏障	50–51
PTSD	170
铺垫	34

Q

情绪传染	49–51
全力以赴	8, 34, 142–143, 145–146
群体压力	57, 117

R

认可欲求	37–38, 118

S

三大压力	145
社交媒体	68
身体扫描法	20
深部体温	154–155, 174
时间贴现	94
时间消耗法	45
睡眠时间	15

T

疼痛	18–19
提议	88, 98
贴标签	64–65

褪黑素	86

W

网络会议	81, 98

X

洗澡	152–155, 165
限时思维	29–30
线上会议	55, 80–84
线上留言板	83
心理关怀	72, 171
心理健康	17, 20, 120, 156
心理性视野狭窄	144
心理训练	64
心理科	17, 120
心理咨询室	7
信念体系	75–76
休息	14–16, 19, 53, 79, 86–87, 93, 120–123, 142–143, 152, 164, 168, 171
嗅神经	166
虚拟货币	11
宣泄效果	156
血糖值	160–162
血糖值飙升	162
薰衣草	165–166

术语索引 | 177

Y

炎症/低烧	18–19
一对一聊天时间	74
胰岛素	161–162
优越感	41–43, 66
元认知	25–26, 130–131
远程办公	23, 54, 93, 171

Z

早发现、早治疗	17
正念减压散步	148–149
职权骚扰	24, 27, 46
植物神经	14, 157
终身雇佣制	5, 48
自我表露	158
自我管理	15, 22, 84–85
自我认同感	41–43, 66, 111–113, 130
自我投资	116–118
自我心理关怀	5, 152, 171